铁路职业教育铁道部规划教材

机械钳工技能实训指导书

刘 林 编
王连森 审

中国铁道出版社有限公司

2025年·北京

内 容 简 介

　　全书内容包括：钳工常用设备及工具量具的使用，划线、錾削、锯削、锉削、钻孔、铰孔、攻螺纹、套螺纹、刮削、研磨和综合实训等共 10 个课题，每项操作都配有实训实例。本书可作为各类职业技术院校、高职高专铁路机车车辆类、机械类或近机械类专业的钳工实训教材，也可供有关工程技术人员、中等专业学校和技术工人等学习选用，还可用于初、中级工的起点培训教材。本书具备钳工的基本理论知识和操作技能，通用性较强。

图书在版编目(CIP)数据

机械钳工技能实训指导书/刘林主编.—北京：中国铁道
出版社，2008.1(2025.1 重印)
铁路职业教育铁道部规划教材
ISBN 978-7-113-08161-4

Ⅰ．机…　Ⅱ．刘…　Ⅲ．钳工-职业教育-教学参考资料
Ⅳ．TG9

中国版本图书馆 CIP 数据核字(2008)第 005935 号

书　　名：机械钳工技能实训指导书
作　　者：刘　林

责任编辑：赵　静　　　　编辑部电话：(010)51873133
封面设计：陈东山
责任校对：张玉华
责任印制：高春晓

出版发行：中国铁道出版社有限公司(100054,北京市西城区右安门西街 8 号)
印　　刷：三河市兴博印务有限公司
版　　次：2008 年 1 月第 1 版　　2025 年 1 月第 8 次印刷
开　　本：787 mm×1 092 mm　1/16　印张：8.25　字数：199 千
书　　号：ISBN 978-7-113-08161-4
定　　价：22.00 元

前言

　　本书为铁路职业教育铁道部规划教材,是根据铁路职业教育相关专业教学计划"机械钳工技能实训"课程大纲编写的。

　　本教材涵盖了铁路机车车辆维修工种必备的钳工基本操作知识和技能,共十个课题,内容包括:钳工常用设备及工具量具的使用,划线、錾削、锯削、锉削、钻孔、铰孔、攻螺纹、套螺纹、刮削、研磨和综合实训等。

　　本教材力求使理论基础知识与操作技能训练尽可能地统一,每一基本技能都配有可供操作的实训实例,并通过四个综合实训课题,使知识与技能得以贯穿和综合应用,达到理论与 实践的密切结合。

　　本书内容安排由浅入深,由易到难,循序渐进。重点介绍规范的操作方法、加工步骤,以提高实际动手能力。

　　本书可供高职高专院校机械、机电等专业及中专机械、机电等专业学生使用,也可作为职业培训和职业技能鉴定教材及工程技术人员的参考用书。

　　本书由天津铁道职业技术学院刘林编写,沈阳铁路机械学校王连森审稿。由于编者水平和经验有限,加之时间仓促,书中难免会有错误和不妥之处,恳请读者批评指正。

编　者

2007 年 8 月

目　录

第一章

钳 工 概 述

【学习目标】

1. 了解钳工工作的内容、工作场地、常用设备、常用工具的情况。
2. 熟记钳工实训安全技术要求。
3. 了解钳工常用量具的种类、规格和测量原理。
4. 能够正确选用量具,掌握常用量具的使用方法、测量读数和保养。
5. 知晓尺寸精度及形位公差符号所表示的意义。

第一节　钳 工 常 识

一、钳工的主要工作任务

以手工操作为主,使用钳工工具经常在台虎钳上完成零件制作、零部件装配、调试和修理的工种称为钳工。

钳工的工作范围很广,灵活性很大,适用性很强。在铁路生产中,各种机车车辆设备零部件装配、调试和检修都是由钳工来完成的。机械设备在使用过程中出现故障、损坏、丧失精度等,需要钳工维护、修理,使其恢复原有功能和精度;工具、夹具、量具及模具的制造、维修、调整等,也需要钳工来完成;另外,在技术改造、工装改进、零件的局部加工、甚至用机械加工无法进行的零部件加工,都需要钳工来完成。

因此,钳工是机械制造、运用和维修行业中不可缺少的工种。

二、钳工基本技能

现代机械制造业中,钳工的工作范围愈来愈广泛和复杂,分工也愈来愈细,仅在铁路行业中就有机车钳工、车辆钳工、制动钳工、电机钳工、走行钳工、仪表钳工、计量钳工等诸多钳工工种。不论哪种钳工,要胜任本职工作,首先应掌握好钳工的各项基本操作技能,然后再根据分工不同,进一步学习掌握好零件的钳工加工、产品和设备的装配、修理等专业技能。

钳工的基本操作技能包括:划线、錾削、锯削、锉削、钻孔、铰孔、攻螺纹、套螺纹、刮削、研磨,以及装配、调试、基本测量和简单的热处理等。

钳工基本操作项目较多,各项技能的学习掌握又有一定的相互依赖关系,因此要求我们必须循序渐进,由易到难,由简单到复杂,一步一步地对每项操作技能按要求学习好、掌 握好,不能偏废任何一个方面。还要自觉遵守纪律,有认真细致的工作作风和吃苦耐劳的工作精神,严格按照每个训练要求进行操作,只有这样,才能很好地完成钳工基础技能训练。

三、钳工工作场地

钳工工作场地是钳工的固定工作地点。钳工工作场地应有完善的设备且应布局合理,这是钳工操作的基本条件,也是安全文明生产的要求,同时也是提高劳动生产率和产品质量的重要保证。

1. 合理布置主要设备

应将钳工工作台安置在便于工作和光线适宜的位置,钳台之间的距离应适当,钳台上应安装安全网。钻床应安装在工作场地的边缘,砂轮机安装在安全可靠的地方,最好同工作间隔离开,以保证使用的安全。

2. 毛坯件和工件应分别放置

毛坯件和工件应分别放置在料架上或规定的地点,排列整齐平稳,以保证安全,便于取放。避免已加工面的碰撞,同时又不要影响操作者的工作。

3. 合理摆放工、夹、量具

常用工、夹、量具应放在工作位置的近处,便于随时拿取。工、量具不得混放一起。量具用后应放在量具盒里。工具用后,应整齐地放在工具箱内,不得随意堆放,否则易发生损坏、丢失及取用不便。

4. 工作场地应保持整洁

工作结束后,应将工(量)具清点,放回工(量)具箱。擦拭钳台和设备,清理场地的铁屑及油污。

四、钳工常用设备

1. 钳工工作台

钳工工作台是钳工专用的工作台。如图 1-1 所示,台面上装有台虎钳、安全网,也可放置平板、钳工工具、工件和图样等。

图 1-1 钳工工作台

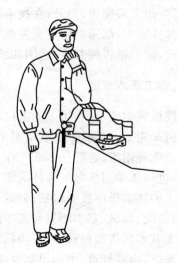

图 1-2 钳口高度

钳工工作台多为铁木结构,台面上铺有一层软橡胶皮,其高度一般为 800~900 mm,长度和宽度可根据工作需要而定。装上台虎钳后,操作者工作时的高度应比较合适,如图 1-2 所示,一般多以钳口高度恰好等于人的手肘高度为宜。

2. 台虎钳

台虎钳由两个紧固螺栓固定在钳台上,用来夹持工件。其规格以钳口的宽度来表示,常用的有 100 mm、125 mm、150 mm 等。

台虎钳有固定式和回转式两种,如图 1-3 所示。后者使用较方便,应用较广,它由活动钳身 1、固定钳身 2、丝杠 8、螺母 3、夹紧盘 5 和转盘座 6 等主要部分组成。

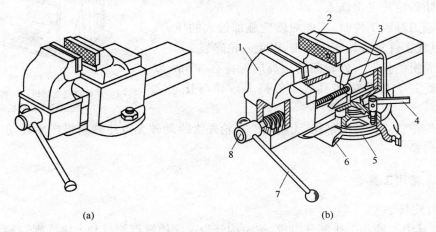

(a)　　　　　　　　　　　　　(b)

图 1-3　台虎钳

(a)固定式;(b)回转式

1—活动钳身;2—固定钳身;3—螺母;4—短手柄;5—夹紧盘;6—转盘座;7—长手柄;8—丝杠

操作时,顺时针转动长手柄 7,可使丝杠 8 在螺母 3 中旋转,并带动活动钳身 1 向内移动,将工件夹紧;当逆时针旋转长手柄 7 时,可使活动钳身向外移动,将工件松开。

固定钳身 2 装在转盘座 6 上,并能绕转盘座轴心线转动,当转到要求的方向时,扳动短手柄 4 使夹紧螺钉旋紧,将台虎钳整体锁紧在钳桌上。

使用台虎钳时应注意以下几点:

(1)安装台虎钳时,一定要使固定钳身的钳口工作面露出钳台的边缘,以方便夹持长条形的工件。此外,固定台虎钳时螺钉必须拧紧,钳身工作时不能松动,以免损坏台虎钳或影响加工质量。

(2)在台虎钳上夹持工件时,只允许依靠手臂的力量来扳动手柄,决不允许用锤子敲击手柄或用管子接长手柄夹紧,以免损坏台虎钳。

(3)在台虎钳上进行錾削等强力作业时,应使作用力朝向固定钳身。

(4)台虎钳的砧座上可用手锤轻击作业,不能在活动钳身上进行敲击作业。

(5)丝杠、螺母和其他配合表面应保持清洁,并加油润滑,以使操作省力,防止生锈。

3. 砂轮机

砂轮机用来刃磨錾子、钻头、刀具及其他工具,也可用来磨去工件或材料上的毛刺、锐边或多余部分等。如图 1-4 所示,砂轮机主要由砂轮 1、电动机 2、防护罩 3、托架 4 和砂轮机座 5 等组成。

砂轮由磨料与黏结剂等黏结而成,质地硬而脆,工作时转速较高,因此使用砂轮机时应遵守安全操作规程,严防产生砂轮碎裂的伤人事故。

操作砂轮机时应注意以下几点：

（1）砂轮的旋转方向应正确，要与砂轮罩上的箭头方向一致，使磨屑向下方飞离砂轮与工件。

（2）砂轮启动后，要稍等片刻，待砂轮转速进入正常状态后再进行磨削。

（3）严禁站立在砂轮的正面操作。操作者应站在砂轮的侧面，以防砂轮片飞出伤人。

（4）磨削刀具或工件时，不能对砂轮施加过大的压力，并严禁刀具或工件对砂轮产生冲击，以免砂轮碎裂。

（5）砂轮机的托架与砂轮间的距离应保持在 3 mm 以内，如果间距过大容易将刀具或工件挤入砂轮与托架之间，造成事故。

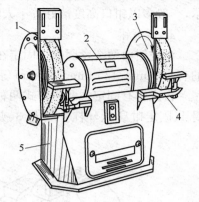

图 1-4　砂轮机
1—砂轮；2—电动机；3—防护罩；
4—托架；5—砂轮机座

（6）砂轮正常旋转时应平稳，无震动。砂轮外缘跳动较大致使砂轮机产生震动时，应停止使用，修整砂轮。

五、钳工常用工具

1. 螺钉旋具

螺钉旋具由木柄和工作部分组成，按结构分为一字槽螺钉旋具和十字槽螺钉旋具两种。

（1）一字槽螺钉旋具　一字槽螺钉旋具结构如图 1-5（a）所示，可用来旋紧或松开头部带一字形沟槽的螺钉。其规格以工作部分的长度表示，常用规格有 100 mm、150 mm、200 mm、300 mm 和 400 mm 等几种。

（2）十字槽螺钉旋具　十字槽螺钉旋具结构如图 1-5（b）所示，用来拧紧或松开头部带十字槽的螺钉。其规格有 2～3.5 mm、3～5 mm、5.5～8 mm、10～12 mm 四种。十字槽螺钉旋具能用较大的拧紧力而不易从螺钉槽中滑出，使用可靠，工作效率高。

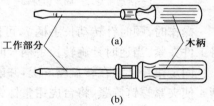

图 1-5　螺钉旋具
（a）一字槽螺钉旋具；（b）十字槽螺钉旋具

2. 扳手类工具

扳手类工具是装拆各种形式的螺栓、螺母和管件的工具，一般用工具钢、合金钢制成，常用的有活扳手、呆扳手、成套套筒扳手、内六角扳手、管子钳等。

（1）活扳手　活扳手如图 1-6（a）所示，由扳手体、活动钳口和固定钳口等主要部分组成，主要用来拆装六角头螺栓、方头螺栓和螺母。其规格以扳手长度和最大开口宽度表示。活扳手的开口宽度可以在一定范围内进行调节，每种规格的活扳手适用于一定尺寸范围内的六角头螺栓、方头螺栓和螺母。

使用活扳手应首先正确选用其规格，要使开口宽度适合螺栓头和螺母的尺寸，不能选过大的规格，否则会扳坏螺母。应将开口宽度调节得使钳口与拧紧物的接触面贴紧，以防旋转时脱落。扳手手柄不可任意接长，以免拧紧力矩太大，损坏扳手或螺母。活扳手的正确使用方法见图 1-6（b）。

（2）呆扳手　呆扳手按其结构特点分为单头和双头两种，如图 1-7 所示。其用途与活扳手相同，只是其开口宽度是固定的，大小与螺母或螺栓头部的对边距离相适应，并根据标准尺寸做成一套。

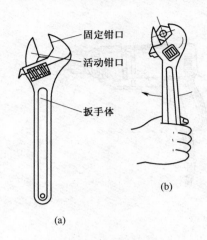

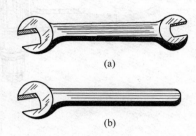

图 1-6 活扳手
(a)活扳手结构;(b)活扳手的使用方法

图 1-7 呆扳手
(a)双头呆扳手;(b)单头呆扳手

(3)成套套筒扳手 如图 1-8 所示,成套套筒扳手由一套尺寸不同的梅花套筒或内六角套筒组成。使用时将弓形手柄或棘轮手柄方榫插入套筒的方孔中,连续转动即可装拆六角头螺栓、方头螺栓或螺母。成套套筒扳手使用方便,拧紧力矩大,操作简单,工作效率高。

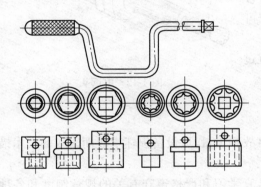

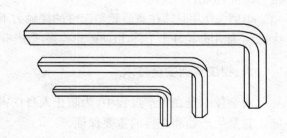

图 1-8 成套套筒扳手

图 1-9 内六角扳手

(4)内六角扳手 如图 1-9 所示,内六角扳手主要用于装拆内六角螺钉。其规格以扳手头部对边尺寸表示。使用时,先将六角头放入内六角螺钉的六方孔内,左手下按,右手旋转扳手,带动内六角螺钉紧固或松开。

(5)管子钳 如图 1-10 所示,管子钳由钳身、活动钳口和调整螺母组成。其规格以手柄长度和夹持管子最大外径表示。主要用于装拆金属管子或其他圆形工件,是管路安装和修理工作中常用的工具。

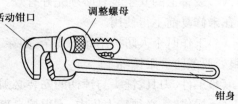

图 1-10 管子钳

3. 电动工具

(1)手电钻 手电钻是一种手提式电动工具,如图 1-11 所示。它主要用于受工件形状或加工部位的限制,不能用钻床钻孔的地方。

手电钻的电源电压分单相(220 V、36 V)和三相(380 V)两种,在使用时可根据不同情况

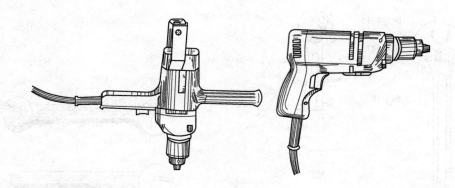

图 1-11　手电钻

进行选择。

　　手电钻使用前,需开机空转 1 min,检查转动部分是否正常。钻孔时不宜用力过猛,当孔将钻穿时,应相应减轻压力,以防事故发生。

　　(2)电磨头　电磨头是一种手工高速磨削工具。如图 1-12 所示。它用来对各种形状复杂的工件进行修磨或抛光,装上不同形状的小砂轮,还可以修磨各种凸凹模的成型面;当用布轮代替砂轮使用时,则可进行抛光作业。

　　电磨头使用时须注意砂轮与工件的接触力不宜过大,更不能用砂轮冲击工件,以防砂轮碎裂,造成事故。

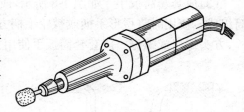

图 1-12　电磨头

六、钳工实训安全技术

　　安全技术是在生产过程中,为防止人身伤害事故和工量具、设备损坏事故而采取的技术措施。它是生产顺利进行的重要保证。

　　安全技术措施的内容是多方面的,我们必须认真学习和严格遵守有关的规章制度和各项安全操作规程,这里列举主要内容如下:

　　(1)钳工设备的布局。钳台要放在便于工作和光线适宜的地方,钻床和砂轮机一般应安装在场地的边缘,以保证安全。

　　(2)设备上的安全装置必须完好有效。使用的机床、工具要经常检查,发现损坏应及时上报,在未修复前不得使用。

　　(3)工作时个人防护用品要齐全,如穿工作服、戴套袖,女同学戴安全帽,切屑飞溅和闪光刺眼处要戴防护眼镜等。

　　(4)工件、刀具、锤头与锤柄的安装必须牢固,防止飞出伤人。搬运重物要稳妥,防止砸伤。

　　(5)操作时,必须精力集中,不得擅自离开设备和做与操作无关的事。两人以上同时操作一台设备时,要分工明确,配合协调,防止失误。离开设备时须切断电源。

　　(6)手和身体要远离设备的运动部件,不准用手去阻止部件运动。设备转动时,不能测量工件,也不要用手去摸工件表面。

　　(7)切削加工的切屑要用钩子清除或用刷子清扫,不得用手直接清除或用嘴吹。要注意用电安全,防止触电,使用完毕后应及时切断电源。若发生人身、设备事故,应立即报告,及时处理,不得隐瞒,以防事故扩大。

(8)装卸、测量工件必须先停车。

(9)严格执行各项规章制度,遵守实训纪律,严守工作岗位。严格遵守设备安全操作规程和钳工各项操作的安全操作规程。使用设备时应经实训指导老师同意,使用前应对设备进行检查,发现故障及时报告实训指导老师。不准擅自动用不熟悉的电器、工具和设备。

(10)工具箱内应保持清洁,工件、工量具堆放应整齐。做好卫生打扫,保持实训场地整洁。

第二节　钳工常用量具

在钳工工作中,经常会用到各种各样的钳工测量工具,了解它们的构造和工作原理,如何正确使用和保养这些工具,是我们这一节要学习的重点。

一、游标量具

游标量具是利用游标读数原理制成的测量工具,这类工具具有结构简单,测量、读数方便等优点,在钳工生产中应用广泛。常用的游标量具有游标卡尺、游标深度尺、游标高度尺和游标万能角度尺等。

1. 游标卡尺

游标卡尺是一种中等精度的量具,可以直接量出工件的外径、孔径、长度、宽度、深度和孔距等尺寸。

(1)游标卡尺的结构

游标卡尺的结构形式如图 1-13 所示,它是由尺身、游标、制动螺钉、内外量爪和尺框等五部分组成。游标卡尺可分为 1/10、1/20 和 1/50 三种,对应的读数准确度分别是 0.1 mm、0.05 mm 和 0.02 mm。一般常用 1/50 的游标卡尺。

(2)游标卡尺的使用方法

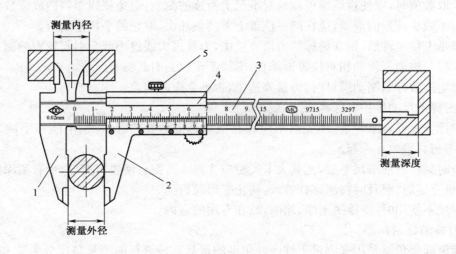

图 1-13　游标卡尺的结构

1—尺框;2—内外量爪;3—尺身;4—游标;5—制动螺钉

如图 1-13 所示,松开螺钉,推动游标在尺身上移动,通过两个量爪卡住被测量件,可测量尺寸。

卡尺上比较大的量爪是测量外径尺寸的,比较小的量爪是测量内径尺寸的,尾部伸出的测杆可用来测量深度。

(3)游标卡尺的刻线原理和读法

以 1/50 mm 游标卡尺为例,如图 1-14 所示,尺身上每小格是 1 mm,当两量爪合并时,游标上的 50 格刚好与尺身上的 49 mm 对正,因此,尺身与游标每格之差为:$1-49/50=0.02$ mm,此差值即为 1/50 mm 游标卡尺的测量精度。

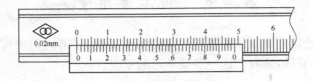

图 1-14　游标卡尺的刻线原理

用游标卡尺测量工件时,如图 1-15 所示,读数方法可分三个步骤:

①读出游标上零线左侧尺身的毫米整数;

②读出游标上哪一条刻线与尺身刻线对齐(第一条零线不算,第二条起每格算 0.02 mm);

③把尺身和游标上的尺寸加起来即为测得尺寸。

(4)游标卡尺在使用时应注意的问题

①使用前要对卡尺进行细致检查,擦净量爪,检查量爪测量面是否平直,然后将两量爪密贴,检查贴合处有无显著间隙和漏光现象,尺身与游标的 0 刻线是否对齐;游标是否能活动自如。

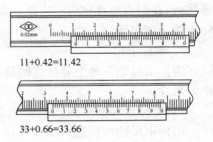

图 1-15　游标卡尺的读数方法

②检查被测量零件表面是否有毛刺、损伤等缺陷,否则会测量不准确。

③读取数值时,应使视线尽可能地对准尺上所读的刻线,避免视线歪斜造成读数的误差。

④为了减少读数的误差,应在同一位置上多测量几次,取它的平均读数值。

⑤量爪卡住工件后,推动游标的力量要适中,力量过大或过小都会引起较大的测量误差。

⑥卡尺与被测零件的相对位置要垂直,卡尺不正也会引起测量误差。

⑦锁定读数拧紧制动螺钉时,力量要适中,否则会引起偏差。

(5)游标卡尺的维护和保养

①游标卡尺要轻拿轻放,用完后不应和其他工具混放在一起,特别不能和手锤、錾刀、凿子、车刀等刃具堆放在一起。

②应时刻注意使卡尺平放,尤其大卡尺更应注意。否则会使主尺变形,带有测深杆的游标卡尺,测量完毕后,要及时将测深杆推入,防止变形及折损。

③卡尺不使用时,应擦拭干净、涂油,放在专用的盒内。

2. 万能游标量角器

万能游标量角器是用来测量工件内外角度的量具。按游标的测量精度分为 $2'$ 和 $5'$ 两种,其示值误差分别为 $\pm 2'$ 和 $\pm 5'$,测量范围是 0°～320°。现以测量精度为 $2'$ 的万能游标量角器为例,介绍万能游标量角器的结构、刻线原理和读数方法。

(1)万能游标量角器的结构

如图1-16所示,万能游标量角器由尺身5、扇形板6、游标4、2个支架2、直角尺3和直尺1等组成。扇形板可以在尺身上回转移动,形成与游标卡尺相似的结构。直角尺可用支架固定在扇形板上,直尺用支架固定在直角尺上。如果拆下直角尺也可将直尺固定在扇形板上。

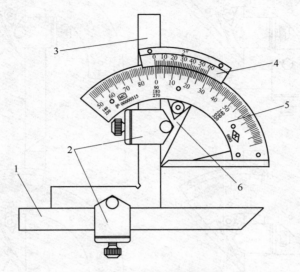

图 1-16 万能游标量角器结构

1—直尺;2—支架;3—直角尺;4—游标;5—尺身;6—扇形板

(2)万能游标量角器的刻线原理及读数方法

尺身刻线每格1°,游标刻线是将尺身上29°所占的弧长等分为30格,即每格所对的角度为29°/30,因此,游标1格与尺身1格相差:

$$1°-\frac{29°}{30°}=\frac{1°}{30°}=2'$$

即万能游标量角器的测量精度为2′。

(3)万能游标量角器的使用方法

万能游标量角器的读数方法和游标卡尺相似,先从尺身上读出游标零线前的整度数,再从游标上读出角度"′"的数值,两者相加就是被测的角度数值。

(4)万能游标量角器的测量范围

如图1-17所示,由于直尺和直角尺可以移动和拆换,因此万能游标量角器可以测量0°～320°的任何角度,测量角度在0°～50°范围内,应装上角尺和直尺;在50°～140°范围内,应装上直尺;在140°～230°范围内,应装上角尺;在230°～320°范围内,不装角尺和直尺。

(5)万能游标量角器的使用注意事项

①使用前检查零位。

②测量时,应使万能角度尺的两个测量面与被测件表面在全长上保持良好接触。然后拧紧制动螺钉进行读数。

3.游标深度尺

游标深度尺的结构如图1-18所示,游标深度尺可用来测量零件上孔及沟槽的深度和台阶的高度等,它的刻线原理和读数方法与游标卡尺一样。使用时先把尺架贴紧被测零件的表面,

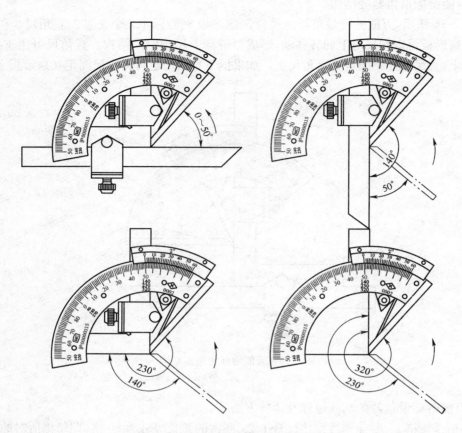

图 1-17　万能游标量角器的测量范围

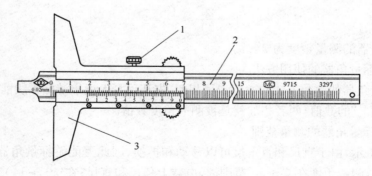

图 1-18　游标深度尺的结构

再使主尺慢慢伸到零件的底部,并用制动螺钉紧固,读取数值。

游标深度尺的使用、维护和保养的方法均与游标卡尺一样。

二、微动螺旋式量具

利用螺旋微动原理制成的量具称为微动螺旋式量具,这类量具都带有自测力装置,因此测量准确。常用的测量量具有外径千分尺、内径千分尺、深度千分尺、螺纹千分尺和公法线千分尺等。

1. 千分尺

千分尺是一种精密量具,无论是测量精度还是测量灵敏度都比游标卡尺要高,在钳工操作中,一些精密的测量都需要用千分尺来测量。

(1)千分尺的结构

千分尺的结构如图 1-19 所示。图中 1 是尺架,尺架的左端有砧座 2,右端是表面有刻线的固定套管 4,里面是带有内螺纹(螺距 0.5 mm)的衬套,测微螺杆 3 右面的螺纹可沿此内螺纹回转。在固定套管的外面是有刻线的微分筒 5,转动棘轮 6,测微螺杆就会向左移动。当测微螺杆的左端面接触工件时,棘轮打滑,测微螺杆就停止前进。此时棘爪滑动发出吱吱声。如果棘轮反方向转动,则拨动棘爪使

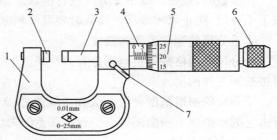

图 1-19 千分尺的结构
1—尺架;2—砧座;3—测微螺杆;4—固定套管;
5—微分筒;6—转动棘轮

微分筒转动,从而带动测微螺杆向右移动。转动手柄 7,通过偏心锁紧可使测微螺杆固定不动。

(2)千分尺的刻线原理

测微螺杆右端螺纹的螺距为 0.5 mm,当微分筒转一周时,测微螺杆就移动 0.5 mm。微分筒圆锥面上共刻有 50 格,因此微分筒每转一格,测微螺杆螺杆就移动 0.5÷50＝0.01 mm。

固定套管上刻有主尺刻线,每格 0.5 mm。

(3)千分尺的读数方法

如图 1-20 所示,千分尺读数的方法可分三步:

①读出微分筒边缘在固定套管主尺上的毫米数和半毫米数。

②看微分筒上哪一格与固定套管上基准线对齐,并读出不足半毫米的数。

③把两个读数加起来就是测得的实际尺寸。

(4)千分尺的使用注意事项

①测量前,转动千分尺的测力装置,使两测砧面靠合,并检查是否密合;同时看微分筒与固定套筒的零线是否对齐,如有偏差应调整固定套筒对零。

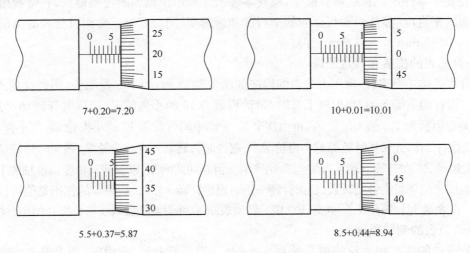

图 1-20 千分尺的读数方法

②测量时,用手转动测力装置,控制测力,不允许用冲力转动微分筒。千分尺测微螺杆的轴线应与零件表面贴合垂直。

③读数时,最好不取下千分尺进行读数。如需要取下读数,应先锁紧测微螺杆,然后轻轻取下千分尺,防止尺寸变动。读数时要看清刻度,不要错读 0.5 mm。

④千分尺的测量范围和精度

千分尺的规格按测量范围分有:0～25、25～50、50～75、75～100、100～125 mm 等。使用时按被测工件的尺寸选用。

千分尺的制造精度分为 0 级和 1 级两种,0 级精度最高,1 级稍差。千分尺的制造精度主要由它的示值误差和两测量面平行度误差的大小来决定。

2. 内径千分尺

内径千分尺用来测量内径及槽宽等尺寸,外形如图 1-21 所示。内径千分尺的刻线方向与千分尺的刻线方向相反,其读数方法和测量精度与千分尺相同。

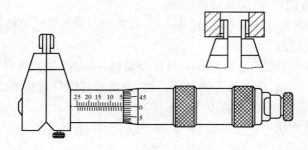

图 1-21　内径千分尺

三、机械式仪表

机械式仪表是靠机械传动来驱动的仪表。在钳工量具中,常用的机械式仪表主要有百分表、千分表、转速表等,其中应用最为普遍的是百分表。

1. 百分表

百分表是零件加工和机器装配中,检查零件尺寸和形位偏差的主要量具,它常被用来测量零件表面的平直度、零件两平行面间的平行度和椭圆度、同心度等。常用百分表的测量范围有 0～3 mm、0～5 mm、0～10 mm 三种。

(1)百分表的构造和读数原理

百分表的构造有多种,常用百分表的构造如图 1-22 所示,图中 5 是触头,用螺纹旋入齿杆 4 的下端。齿杆的上端有齿,当齿杆上升时,带动齿数为 16 的小齿轮 Z_2 做顺时针转动,与小齿轮 Z_2 同轴装有齿数为 100 的大齿轮 Z_3,再由这个 Z_3 带动中间齿数为 10 的小齿轮 Z_1,与小齿轮 Z_1 同轴装有长指针 2,因此长指针就随着小齿轮 Z_1 一起逆时针转动。在小齿轮 Z_1 做逆时针转动的另一边装有大齿轮 Z_4,在其轴下端装有游丝 7,用来消除齿轮间的间隙,以保证其精度。该轴的上端装有短指针 3,用来记录长指针的转数(长指针转一周时短指针转一格)。拉簧 6 的作用是使齿杆 4 能回到原位。在表盘 1 上刻有线条,共分 100 格。转动表圈 8,可调整表盘刻线与长指针的相对位置。

(2)百分表的刻线原理

百分表内的齿杆和齿轮的周节是 0.625 mm。当齿杆上升 16 齿时(即上升 0.625×16＝10 mm),16 齿小齿轮 Z_2 转一周,同时大齿轮 Z_3 也转一周,因而带动小齿轮 Z_1 和长指针 2 转

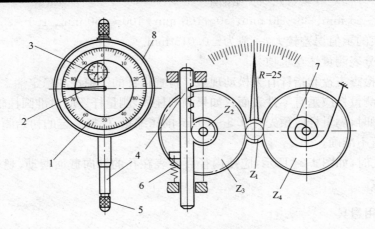

图 1-22　百分表的结构

1—表盘；2—长指针；3—短指针；4—齿杆；5—触头；6—拉簧；7—游丝；8—表圈

10 周，即齿杆移动 1 mm 时，长指针转一周。由于表盘上共刻 100 格，所以长指针每转一格表示齿杆移动 0.01 mm。

2. 内径百分表

内径百分表可用来测量孔径和孔的形状误差，对于测量深孔尤为方便。

(1) 内径百分表的结构

内径百分表的结构如图 1-23 所示。在测量头端部有可换触头 1 和量杆 2。测量内孔时，孔壁使量杆 2 向左移动而推动摆块 3，摆块 3 使杆 4 向上，推动百分表触头 6，使百分表指针转动而指出读数。测量完毕时，在弹簧 5 的作用下，量杆回到原位。

(2) 内径百分表的测量范围

通过更换可换触头，可改变内径百分表的测量范围。内径百分表的测量范围有 6～10 mm、

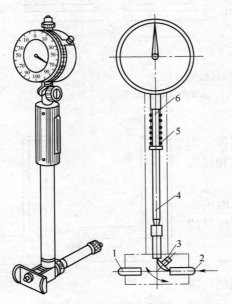

图 1-23　内径百分表

1—可换触头；2—量杆；3—摆块；4—杆；5—弹簧；6—百分表触头

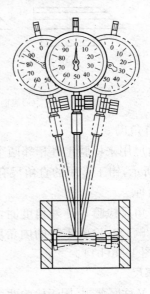

图 1-24　内径百分表测量内孔

10～18 mm，18～35 mm、35～50 mm、50～100 mm、100～160 mm、160～250 mm 等。

内径百分表的示值误差较大，一般为±0.015 mm。

（3）内径百分表测量注意事项

①测量前，检查表盘和指针有无松动现象。检查指针的平稳性和稳定性。

②测量时，测量杆应垂直零件表面。如果测圆柱体，测量杆还应对准圆柱轴中心。测量头与被测表面接触时，测量杆应预先有 0.3～1 mm 的压缩量，保持一定的初始测力，以免由于存在负偏差而测值不准确。

③测量内孔时，如图 1-24 所示，应使内径百分表在孔的轴向截面摆动，观察百分表指针，取其最小值读数。

四、其他常用量具

1. 刀口尺

刀口尺的结构如图 1-25 所示，它是样板平尺中的一种，因它有圆弧半径为 0.1～0.2 mm 的棱边，故可用漏光法或痕迹法检验直线度和平面度。

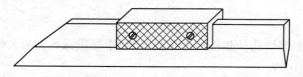

图 1-25　刀口尺

检查工件直线度如图 1-26 所示，刀口尺的测量棱边紧靠工件表面，然后观察漏光缝隙大小，判断工件表面是否平直，在明亮而均匀的光源照射下，全部接触表面能透过均匀而微弱的光线时，被测表面就很平直。

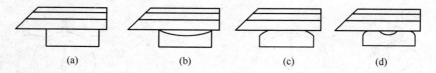

（a）　　　　　（b）　　　　　（c）　　　　　（d）

图 1-26　用刀口尺检验直线度
（a）表面平直；（b）表面凹；（c）表面凸；（d）表面凹凸

2. 直角尺

直角尺用来检验工件相邻两个表面的垂直度。如图 1-27 所示，钳工常用的直角尺有宽座直角尺和样板直角尺两种。

用直角尺检验零件外角度时，使用直角尺的内边〔见图 1-28（a）〕；检验零件的内角度时，使用直角尺的外边〔见图 1-28（b）〕。

3. 塞尺

塞尺又称厚薄规，用于检验两个接触面之间的间隙大小。塞尺的外形如图 1-29 所示，它有两个平行的测量平面，其长度有 50 mm、100 mm、200 mm 等几种。

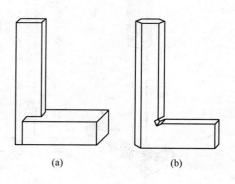

（a）　　　　　　　　（b）

图 1-27　直角尺
（a）宽座直角尺；（b）样板直角尺

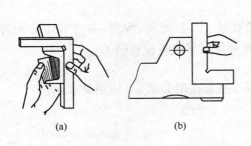

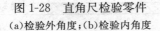

图 1-28　直角尺检验零件

(a)检验外角度；(b)检验内角度

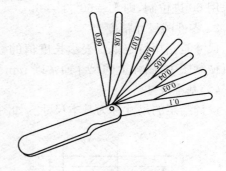

图 1-29　塞尺

塞尺的测量厚度在 0.02～0.1 mm 范围内的，中间每片相隔为 0.01 mm；测量厚度为 0.1～1 mm 范围内的，中间每片相隔为 0.05 mm。

塞尺使用时，根据零件尺寸的需要，可用一片或数片重叠在一起塞入间隙内。如用 0.03 mm 能塞入，0.04 mm 不能塞入，说明间隙在 0.03～0.04 mm 之间，所以塞尺是一种极限量具。

五、量具的维护和保养

为了保持量具的精度，延长其使用寿命，对量具的维护保养必须十分注意。为此，应做到以下几点：

1. 测量前应将量具和被测工件擦拭干净，以免脏物影响测量精度和加快量具磨损。
2. 量具在使用过程中，不要和工具、刀具放在一起，以免碰坏。
3. 不准将量具当工具使用，如划线、敲击等。
4. 机床开动时不要用量具测量工件，否则会加快量具磨损，而且容易引发事故。
5. 温度对量具精度影响很大，因此量具不应在热源附近，以免受热变形。
6. 量具要定期检验，避免超检使用影响精度。
7. 量具用完后，应及时擦净、涂油，放在专用盒中，保存在干燥处，以免生锈。

第三节　机械零件精度的表示方法

衡量机械零件制造水平的标准是它的加工精度，表示加工精度的指标有三个，即尺寸精度、形状与位置精度和加工表面的粗糙程度。

一、零件的尺寸及精度

1. 零件的计量单位

我国规定的法定计量单位中长度计量单位为米(m)，平面角的角度计量单位为弧度(rad)及度(°)、分(′)、秒(″)。

机械制造中常用的长度计量单位为毫米(mm)，1 mm＝10^{-3} m。在精密测量中，长度计量单位采用微米(μm)，1 μm＝10^{-3} mm。在超精密测量中，长度计量单位采用纳米(nm)，1 nm＝10^{-3} μm。

机械制造中常用的角度计量单位为弧度和度、分、秒。1°＝0.017 453 3 rad，度、分、秒的关系采用 60 进位制,即 $1°=60'$,$1'=60''$。

2. 零件的尺寸精度

尺寸是指用特定单位表示长度值的数字,包括直径、半径、宽度、深度、高度和中心距等。在机械制图中,图样上的尺寸通常以 mm 为单位,在标注时常将单位省略。

(1)基本尺寸

设计给定的尺寸称为基本尺寸。如图 1-30 所示,通常孔用 D 表示,轴用 d 表示。

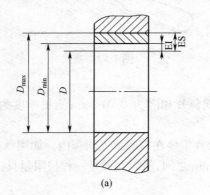
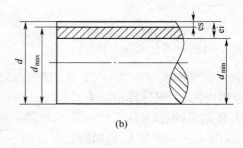

图 1-30　基本尺寸、极限尺寸与极限偏差
(a)孔;(b)轴

(2)实际尺寸

通过实际测量所得的尺寸。由于测量过程中,不可避免地存在测量误差,因此实际尺寸也并非真实尺寸。

(3)极限尺寸

允许尺寸变化范围的两个界限值称为极限尺寸。其中较大的称为最大极限尺寸用 D_{max} 或 d_{max} 表示,较小的称为最小极限尺寸用 D_{min} 或 d_{min} 表示。

极限尺寸是根据设计要求确定的,其目的是为了限制加工零件的尺寸变动范围。

(4)尺寸偏差

零件加工前预先设想的偏差。某一尺寸减去基本尺寸所得的代数差称为尺寸偏差(简称偏差)。一般孔用 E 表示,轴用 e 表示。偏差可能为正或负,亦可为零。

(5)实际偏差

零件加工后实际测量的偏差。实际尺寸减其基本尺寸所得的代数差称为实际偏差。

由于实际尺寸可能大于、小于或等于基本尺寸,因此实际偏差也可能为正、负或零值。

(6)极限偏差

极限尺寸减其基本尺寸所得的代数差称为极限偏差,可分为上偏差和下偏差。

上偏差:最大极限尺寸减其基本尺寸所得的代数差称为上偏差。孔用 ES 表示,轴用 es 表示。

下偏差:最小极限尺寸减其基本尺寸所得的代数差称为下偏差。孔用 EI 表示,轴用 ei 表示。

上、下偏差皆可能为正、负或零。因为最大极限尺寸总是大于最小极限尺寸,所以上偏差总是大于下偏差。

(7)尺寸公差

允许的尺寸变动量,简称公差。公差等于最大极限尺寸与最小极限尺寸之代数差的绝对值。孔用 T_D 表示,轴用 T_d 表示。

公差大小决定了允许尺寸变动范围的大小,若公差值大,则允许尺寸变动范围大,因而要求加工精度低,反之,若公差值小,则允许尺寸变动范围小,因而要求加工精度高。

例 1-1　轴套的尺寸标注如图 1-31 所示,试分别计算轴套内、外径的极限偏差、极限尺寸和公差。

解　(1)轴套内径 D 尺寸计算:

内径基本尺寸:$D=\phi 25$ mm

内径上偏差:ES=0.033 mm

内径下偏差:EI=0 mm

内径最大极限尺寸:$D_{max}=25$ mm+0.033 mm=$\phi 25.033$ mm

内径最小极限尺寸:$D_{min}=25$ mm−0=$\phi 25.000$ mm

内径公差:$T_D=25.033-25.000=0.033$ mm

(2)轴套外径 d 尺寸计算:

外径基本尺寸:$d=\phi 32$ mm

外径上偏差:es=0.059 mm

外径下偏差:ei= 0.043 mm

外径最大极限尺寸:$d_{max}=32$ mm+0.059 mm=$\phi 32.059$ mm

外径最小极限尺寸:$d_{min}=32$ mm+0.043 mm=$\phi 32.043$ mm

外径公差:$T_d=32.059$ mm−32.043 mm=0.016 mm

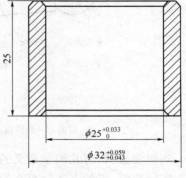

图 1-31　轴套的尺寸

二、零件的形状与位置公差

1. 形位误差的影响与重要性

人们在生产中对零件加工质量的要求,除了尺寸公差与表面粗糙度的要求外,对零件各要素的形状和位置要求也十分重要。为了提高产品质量和保证互换性,我们不仅对零件的尺寸误差,还要对零件的形状及位置的误差加以限制,给出一个经济、合理的误差许可变动范围,这就是形状与位置公差(简称形位公差)。

2. 形位公差的表达及标准

零件的特征部分点、线、面,称为要素。形位公差是表示对零件某个要素的几何形状和要素与要素之间相互位置的要求。如图 1-32(a)所示零件的球面 1、圆锥面 2、平面 3、圆柱面 4、点 5、素线 6、轴线 7、球心 8 和图 1-32(b)所示矩形槽的中心平面,都是零件的基本要素。

目前,我国的形位公差最新标准主要有:

GB/T 1182—1996《形状和位置公差　通则、定义、符号和图样表示法》;

GB/T 1184—1996《形状和位置公差　未注公差值》;

GB/T 4249—1996《公差原则》;

GB/T 16671—1996《形状和位置公差　最大实体要求、最小实体要求和可逆要求》;

GB/T 13319—1991《形状和位置公差　位置度公差》;

GB/T 1958—1980《形状和位置公差　检测规定》。

3. 形位公差的基本概念

(1)几何要素的分类

①按存在状态分

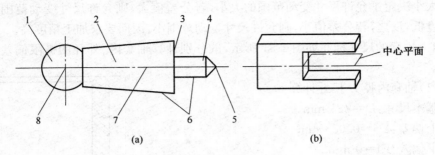

图 1-32　零件几何要素

(a)轮廓要素;(b)矩形槽中心平面

1—球面;2—圆锥面;3—平面;4—圆柱面;5—点;6—素线;7—轴线;8—球心

理想要素:具有几何学意义的要素,即几何的点、线、面。它们不存在任何误差。

实际要素:零件上实际存在的要素,通常用测量得到的要素来替代。

②按几何特征分

轮廓要素:构成零件轮廓的点、线、面,如图1-32(a)中的球面、圆锥面、圆柱面、平面以及圆锥面和圆柱面的素线。

中心要素:指零件上的轴线、球心、两平行平面的中心面,它们是看不见摸不着的,总是由相应的轮廓要素来体现的。

③按在形位公差中所处的地位分

被测要素:图样上给出了形位公差要求的要素。

基准要素:用来确定被测要素方向或位置的要素。

④按被测要素的功能关系分

单一要素:仅对要素本身提出功能要求而给出形状公差的要素。

关联要素:对其他要素有功能关系而给出位置公差的要素。

4.形位公差特征项目及符号

根据 GB/T 1182—1996《形状和位置公差通则、定义、符号和图样表示法》的规定,形状和位置公差共有 14 个特征项目,各个特征项目的名称及对应的符号见表1-1。

表 1-1　形位公差特征项目及符号

公差		特征项目	符号	有或无基准要求	公差		特征项目	符号	有或无基准要求
形状	形状	直线度		无	位置	定向	平行度	∥	有
		平面度	▱	无			垂直度	⊥	有
		圆度	○	无			倾斜度	∠	有
		圆柱度	⌭	无		定位	同轴度	◎	有
							对称度		有
形状或位置	轮廓	线轮廓度	⌒	有或无			位置度	⊕	有或无
						跳动	圆跳动	↗	有
		面轮廓度	⌓	有或无			全跳动	⌰	有

特征项目符号的意义如下：

①直线度

直线度是限制实际直线对理想直线变动量的一项指标，它是针对直线发生不直的情况而提出的要求。

直线度公差带有给定平面内的、给定方向上和任意方向的三种。

图 1-33 是给定平面内的公差带，在距离为公差值 t 的两平行直线之间区域。圆柱面的素线有直线度要求，公差值为 0.02 mm。公差带的形状是在圆柱的轴向平面内的两平行直线。实际圆柱面上任一素线都应位于此公差带内。

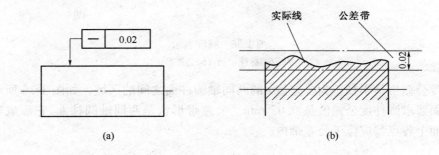

(a)   (b)

图 1-33 直线度表示
（a）标注示例；（b）公差带

② 平面度

平面度是限制实际平面对其理想平面变动量的一项指标。

平面度公差带是在距离为公差值 t 的两平行平面之间的区域。如图 1-34 所示，上表面有平面度要求，公差值 0.1 mm。公差带的形状是两平行平面，实际面要全部在公差带内。

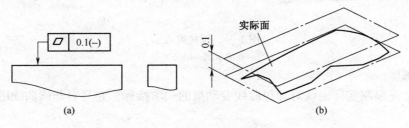

(a)   (b)

图 1-34 平面度表示
（a）标注示例；（b）公差带

③ 圆度

圆度是限制实际圆对理想圆变动量的一项指标，是对具有圆柱面（包括圆锥面、球面）的零件在一正截面内的圆形轮廓要求。

圆度公差带是在同一正截面上半径差为公差值 t 的两同心圆之间的区域。如图 1-35 所示，圆锥面有圆度要求，公差带是半径差为 0.02 mm 的两同心圆，实际圆上各点应位于公差带内。

④圆柱度

圆柱度是限制实际圆柱面对理想圆柱面变动量的一项指标。它控制了圆柱体横截面和轴截面内的各项形状误差，如圆度、素线直线度、轴线直线度等。圆柱度是圆柱体各项形状误差的综合指标。

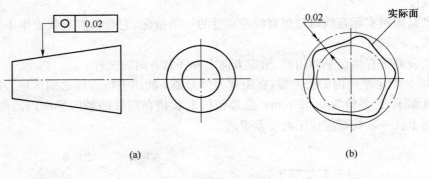

图 1-35　圆度表示
(a)标注示例；(b)公差带

圆柱度公差带是半径差为公差值 t 的两同轴圆柱面之间的区域。如图 1-36 所示，箭头所指的圆柱面要求圆柱度公差值是 0.05 mm。公差带形状是两同轴圆柱面，它形成环形中间。实际圆柱面上各点都应位于公差带内。

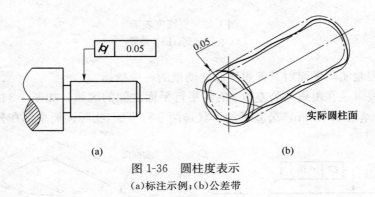

图 1-36　圆柱度表示
(a)标注示例；(b)公差带

⑤线轮廓度

线轮廓度是限制实际曲线对理想曲线变动量的一项指标。它是对非圆曲线的形状精度的一项要求。

线轮廓度公差带是包络一系列直径为公差值 t 的圆的两包络线之间的区域，而各圆的圆心位于理想轮廓上。如图 1-37 所示，公差带的形状是理想轮廓线等距的两条曲线。要求线轮

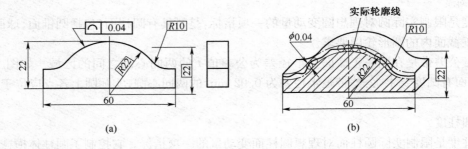

图 1-37　线轮廓度表示
(a)标注示例；(b)公差带

廓度公差为 0.04 mm，在平行于正投影面的任一截面上，实际轮廓线上各点应位于公差带内。

　　⑥面轮廓度

　　面轮廓度是限制实际曲面对理想曲面变动量的一项指标，它是对曲面的形状精度的一项要求。

　　面轮廓度公差带是包络一系列直径为公差值 t 的球的两包络面之间的区域，各球的球心应位于理想轮廓面上，如图 1-38 所示，曲面要求面轮廓度公差为 0.02 mm。公差的形状是与理想曲面等距的两曲面。实际面上各点应位于公差带内。

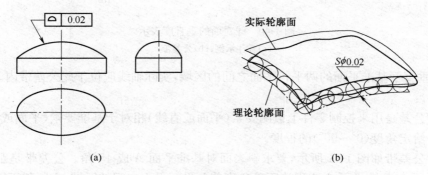

图 1-38　面轮廓度表示
(a)标注示例；(b)公差带

　　⑦平行度

　　平行度公差用来控制零件上被测要素(平面或直线)相对于基准要素(平面或直线)的方向偏离 0°的程度。

　　平行度公差带如图 1-39 所示，要求上平面与孔的轴线平行。公差带是距离为公差值 0.05 mm 且平行于基准孔轴线的两平行面之间的区域，实际面上的各点应位于此公差带内。

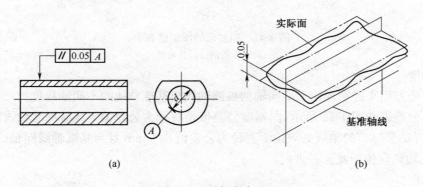

图 1-39　平行度表示
(a)标注示例；(b)公差带

　　⑧垂直度

　　垂直度公差用来控制零件上被测要素(平面或直线)相对于基准要素(平面或直线)的方向偏离 90°的程度。

　　垂直度公差带如图 1-40 所示，要求"ϕd"的轴线对底平面垂直。公差带是距离为公差值

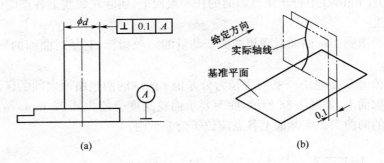

图 1-40　线对面的垂直度表示
(a)标注示例；(b)公差带

0.1 mm 且垂直于基准平面的两平行平面之间的区域,实际轴线应位于此公差带内。

⑨倾斜度

倾斜度公差是用来控制零件上被测要素(平面或直线)相对于基准要素(平面或直线)的方向偏离某一给定角度(0°～90°)的程度。

倾斜度公差带如图 1-41 所示,要求斜表面对基准平面 A 成 45°角。公差带是距离为公差值 0.08 mm 且与基准平面 A 成理论正确角度的两平行平面之间的区域,实际斜面上各点应位于此公差带内。

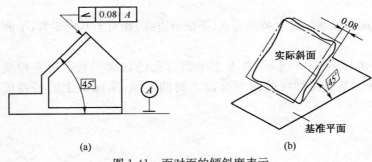

图 1-41　面对面的倾斜度表示
(a)标注示例；(b)公差带

⑩同轴度

同轴度公差用来控制理论上应同轴的被测轴线与基准轴线的不同轴程度。

同轴度公差带如图 1-42 所示,同轴度公差带是直径为公差值 t 且与基准轴线同轴的圆柱面内的区域,要求"ϕd"的轴线必须位于直径为公差值 0.1 mm 且与基准轴线同轴的圆柱面内,"ϕd"的实际轴线应位于此公差带内。

⑪对称度

对称度一般控制理论上要求共面的被测要素(中心平面、中心线或轴线)与基准要素(中心平面、中心线或轴线)的不重合程度。

对称度公差带如图 1-43 所示,是距离为公差值 t 且相对基准中心平面(或中心线、轴线)对称配置的两平行平面(或直线)之间的区域。若给定互相垂直的两个方向,则是正截面为公差值 $t_1 \times t_2$ 的四棱柱内的区域。

⑫位置度

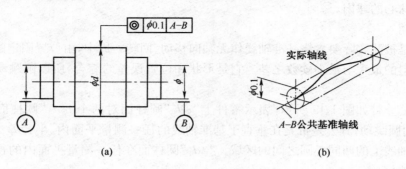

图 1-42　同轴度表示

(a)标注示例；(b)公差带

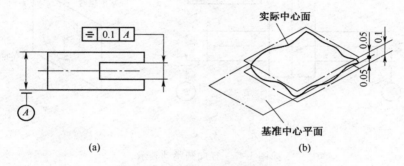

图 1-43　面对面的对称度表示

(a)标注示例；(b)公差带

位置度公差用来控制被测实际要素相对于其理想位置的变动量,其理想位置是由基准和理论正确尺寸确定。理论正确尺寸是不附带公差的精确尺寸,用以表示被测理想要素到基准之间的距离,在图样上用加方框的数字表示,如 $\boxed{30}$,以便与未标注尺寸公差的尺寸相区别。

位置度公差带如图 1-44 所示,分为点、线、面的位置度。点的位置度用于控制球心或圆心的位置误差,球"$S\phi d$"的球心必须位于直径为公差值 0.08 mm,并以相对基准 A、B 所确定的

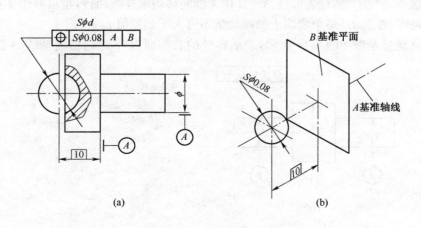

图 1-44　点的位置度表示

(a)标注示例；(b)公差带

理想位置为球心的球内。

⑬圆跳动

圆跳动是被测实际要素绕基准轴线作无轴向移动、回转一周中,由位置固定的指示器在给定方向上测得的最大与最小读数之差。它是形状和位置误差的综合,所以圆跳动是一项综合性的公差。

圆跳动公差带如图 1-45 所示,表示零件上"ϕd_1"圆柱面对两个"ϕd_2"圆柱面的公共轴线 $A—B$ 的径向圆跳动,其公差带是在垂直于基准轴线的任一测量平面内、半径差为公差值 t 且圆心在基准轴线上的两同心圆之间的区域。"ϕd_1"圆柱面在任一测量平面内的径向跳动量均不得大于公差值 t。

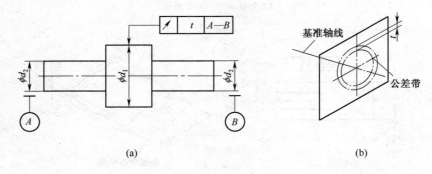

(a)   (b)

图 1-45　径向圆跳动表示
(a)标注示例;(b)公差带

⑭全跳动

全跳动是对整个表面的形位误差综合控制,是被测实际要素绕基准轴线作无轴向移动的连续回转,指示器沿理想素线连续移动在给定方向上测得的最大与最小读数之差。

全跳动分径向全跳动和端面全跳动。

径向全跳动公差带如图 1-46 所示,表示"ϕd_1"圆柱面对两个"ϕd_2"圆柱面的公共轴线 $A—B$ 的径向全跳动,不得大于公差值 t。公差带是半径差为公差值 t,且与基准轴线同轴的两圆柱面之间的区域。当"ϕd_1"圆柱表面绕 $A—B$ 作无轴向移动地连续回转,指示器作平行于基准轴线的直线移动时,在"ϕd_1"整个表面上的跳动量不得大于公差值 t。

端面全跳动公差带如图 1-47 所示,表示零件的右端面对"ϕd"圆柱面轴线 A 的端面全跳

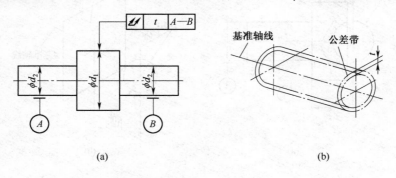

(a)   (b)

图 1-46　径向全跳动表示
(a)标注示例;(b)公差带

动量不得大于公差值 t。其公差带是距离为公差值 t，且与基准轴线垂直的两平行平面之间的区域。当被测端面绕基准轴线作无轴向移动地连续回转，指示器作垂直于基准轴线的直线移动时，在整个断面上的跳动量不得大于 t。

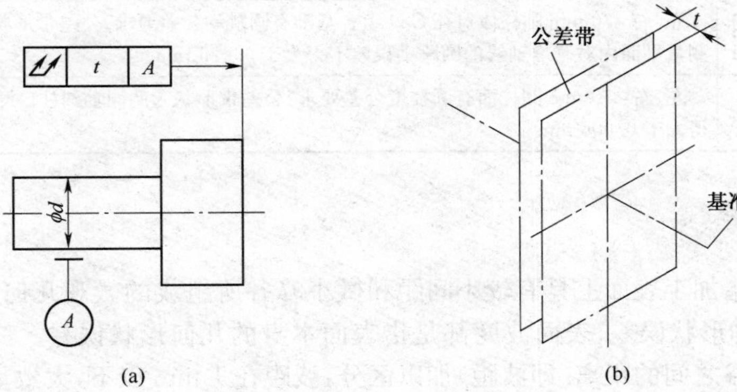

图 1-47 端面全跳动表示

(a)标注示例；(b)公差带

例 1-2 某型号单缸发动机的曲轴形位公差图如图 1-48 所示，试读出该图中形位公差所表示的意义。

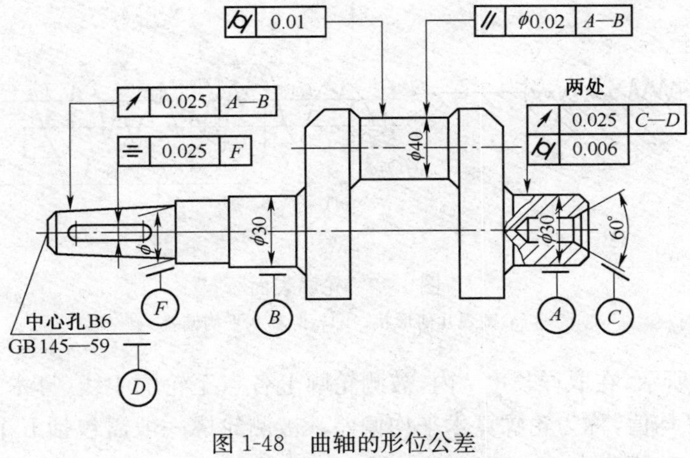

图 1-48 曲轴的形位公差

解 该图中共有 6 处进行了形位公差的标注，表示的意义见表 1-2。

表 1-2 例 1-2 曲轴形位公差表示的意义

形位公差代号	意 义
↗ | 0.025 | A—B	左端锥体对组合基准有圆跳动公差要求，公差带形状为两同心圆。任意测量平面内对基准轴线的圆跳动误差不得大于 0.025 mm
⌯ | 0.025 | F	左端锥体上的键槽中心平面对 F 基准轴线有对称度公差要求，公差带形状为两平行平面。测量时对称度误差不得大于 0.025 mm
⌭ | 0.01	ϕ40 mm 圆柱面有圆柱度公差要求，公差带形状为两同轴圆柱。测量时圆柱度误差不得大于 0.01 mm

形位公差代号	意　　义
// ⏦φ0.02 ⏦A—B	$\phi40$ mm圆柱的轴线对组合基准 A-B 有平行度要求，公差带形状为一个圆柱体。测量时实际轴线对基准轴线在任何方向的倾斜或弯曲误差都不得超出 $\phi0.02$ mm 的圆柱体
↗ ⏦0.025 ⏦C—D	左、右 $\phi30$ mm圆柱体对孔 C-D 组合基准有圆跳动公差要求，公差带形状为两同心圆。任意测量平面内对基准轴线的圆跳动误差不得大于 0.025 mm
⟡ ⏦0.01	左、右 $\phi30$ mm圆柱面有圆柱度公差要求，公差带形状为两同轴圆柱。测量时圆柱度误差不得大于 0.006 mm

三、表面粗糙度

表面粗糙度是指加工表面上具有较小间距和微小峰谷所组成的微观几何形状特性〔如图1-49(a)所示〕。它的形状误差、表面波度都是指表面本身的几何形状误差。三者之间通常可按相邻两波峰或波谷之间的距离（即波距）加以区分：波距在 1 mm 以下，大致呈周期性变化的属于表面粗糙度范围；波距在 1～10 mm 之间，并呈周期性变化的属于表面波度范围；波距在10 mm 以上，而无明显周期性变化的属于形状误差的范围。

1. 表面粗糙度评定参数

国家标准中规定常用高度方向的表面粗糙度评定参数有：轮廓算术平均偏差(R_a)、微观不平度十点高度(R_z)和轮廓最大高度(R_y)。一般情况下，优先选用 R_a 评定参数。

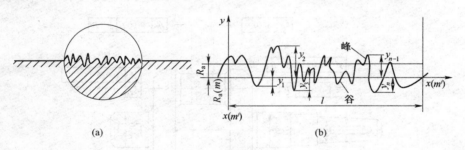

图 1-49　轮廓表面
(a)微观几何形状；(b)轮廓算术平均偏差

如图 1-49(b)所示，在取样长度 l 内，被测轮廓上各点至轮廓中线（算术平均中线 mm'）偏移距离绝对值的平均值，称为轮廓算术平均偏差。被测轮廓一般需包括五个以上的轮廓峰和轮廓谷。各点的偏移距离为 y_1、y_2、…、y_n，则

$$R_a = \frac{|y_1| + |y_2| + \cdots + |y_n|}{n}$$

2. 表面粗糙度代号

(1)表面粗糙度符号

国标 GB/T 131—1993 规定，在图样上表示表面粗糙度的符号有三种。

① ∨ 基本符号，表示表面粗糙度是用任何方法获得（包括镀涂及其他表面处理）。

② ▽ 表示表面粗糙度是用去除材料的方法获得。例如车、铣、钻、磨、剪切、抛光、腐蚀、电火花等。

③ $\sqrt{}$ 表示表面粗糙度是用不去除材料的方法获得。例如铸锻、冲压变形、热轧、冷轧、粉末冶金等，或者是用保持原供应状况的表面。

（2）表面粗糙度代号

在表面粗糙度符号的基础上，注上其他必要的表面特征规定的项目后，组成了表面粗糙度代号，表面特征各项规定在符号上注写的意义见表 1-3。从代号中可以看出：R_a 在代号中只要标出数值，R_a 本身可以省略；R_z 和 R_y 除标出数值外，在数值前还必须标出相应的 R_z 或 R_y。

表 1-3 表面粗糙度高度参数值的标注示例及其意义

代　号	意　义
$\sqrt{3.2}$	用任何方法获得的表面，R_a 的最大允许值为 3.2 μm
$\sqrt{R_y 200}$	用去除材料的方法获得的表面，R_y 的最大允许值为 200 μm
$\sqrt{R_z 200}$	用不去除材料的方法获得的表面，R_z 的最大允许值为 200 μm
$\sqrt{\genfrac{}{}{0pt}{}{3.2}{1.6}}$	用去除材料的方法获得的表面，R_a 的最大允许值为 3.2 μm，最小允许值为 1.6 μm
$\sqrt{\genfrac{}{}{0pt}{}{3.2}{R_y 12.5}}$	用去除材料的方法获得的表面，R_a 的最大允许值为 3.2 μm，R_y 最大允许值为 12.5 μm

3. 表面粗糙度的测量

表面粗糙度参数测量时，如无特别说明，一般应在垂直于表面加工纹理方向测量。对无加工纹理方向的表面，应在几个不同的方向上测量，并取最大值为测量结果。

目前，表面粗糙度常用的检测办法有比较法、光切法、干涉法和轮廓法。

（1）比较法

比较法是将被测表面与已知粗糙度样板相比较的一种方法。特点是简单易行，评定的可靠性取决于检验人员的经验。适用于评定表面粗糙度要求不高的工件。

（2）光切法

光切法是利用光切显微镜测量表面粗糙度的一种方法。测量范围一般为 0.8～100 μm。特点是不仅可用于测量车、铣、刨及其他类似方法加工的金属外表面，还可用来观察木材、纸张、塑料、电镀层等表面的微观不平度，应用广泛。

（3）干涉法

干涉法是利用光波干涉原理来测量表面粗糙度的一种方法，测量范围通常为 0.05～0.8 μm。特点是测量精度高，利用其自身的拍照记录功能，可记录影像资料。

（4）轮廓法

轮廓法是一种接触式测量表面粗糙度的方法，常用的设备是电动轮廓仪。通过接触探针来感知被测零件表面的粗糙程度，仪器直接读出数值，大大减少了人的影响因素，可靠性最高。

思 考 题

1. 使用砂轮机时应注意哪些内容？

2. 叙述钳工实训安全技术要求。

3. 将下列长度尺寸用 mm 表示：16.8 cm、32 cm、3 600 μm。

4. 根据下列尺寸画出游标卡尺的示意图：16.34 mm、20.28 mm。

5. 根据下列尺寸，画出千分尺的示意图：27.99 mm、13.02 mm。

6. 怎样正确使用百分表？

7. 为什么百分表齿杆移动 0.01 mm 时大指针转过一格？

8. 试述分度值为 2′ 的万能游标量角器的刻线原理，并画图表示 18°18′。

9. 塞尺如何使用？

10. 如何对量具进行维护保养？

第二章

划　线

【学习目标】

1. 了解常用划线工具的种类、使用方法。

2. 熟悉划线过程，能对照图样正确划线。

3. 了解划线基准的选择原则，会初步利用找正、借料原理对简单毛坯划线。

第一节　划线基础知识

一、划线概述

划线是钳工的一项基本操作，也是机械加工的重要工序之一，划线广泛地应用于单件或小批量生产。

按图样或实物的尺寸，在毛坯或半成品上用划线工具划出加工界线，或划出作为基准的点、线的操作称为划线。划线不仅在毛坯表面上进行，也在已加工表面上进行。工件的加工都是从划线开始的，所以划线是工件加工的第一步。

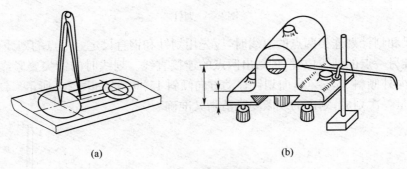

(a)　　　　　　　　　(b)

图 2-1　划线种类

(a)平面划线；(b)立体划线

划线分为平面划线和立体划线。如图 2-1(a)所示，在工件的一个平面上划线就能明确表示加工界线的划线过程，称为平面划线；如图 2-1(b)所示，在工件的几个不同角度的表面上(通常是工件长、宽、高方向上)都划出明确表示加工界线的过程，称为立体划线。划线工作的作用如下：

(1)确定工件的加工余量，明确尺寸的加工界线。

(2)在板料上按划线下料，可以正确排料，合理使用材料。

(3)复杂工件在机床上装夹时，可按划线位置找正、定位和夹紧。

（4）通过划线能及时地发现和处理不合格的毛坯,避免加工后造成损失。

（5）采用借料划线可以使误差不大的毛坯得到补救,加工后零件仍能达到要求。

划线的精度不高,一般可达到的尺寸精度为 0.35～0.5 mm,因此,不能依据划线的位置来确定加工后的尺寸精度,必须在加工过程中通过测量来保证尺寸的加工精度。

二、划线工具及使用

1. 划线平台

划线平台的结构如图 2-2 所示,由铸铁制成,工作表面经过精刨或刮削加工,作为划线时的基准平面。放置时应使平台工作表面处于水平状态。

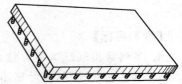

划线平台工作表面应经常保持清洁,工件和工具在平台上都要轻拿轻放,不可损伤其工作表面,用后要擦拭干净,并涂上机油防锈。

图 2-2　划线平台

2. 划针

划针用来在工件上划线条。它由弹簧钢丝或高速钢制成,直径一般为 3～5 mm,尖端磨成 15°～20°的尖角,并经热处理淬火使其硬化。有的划针在尖端部位焊有硬质合金,耐磨性更好。划针的外观及尖端形状如图 2-3 所示。

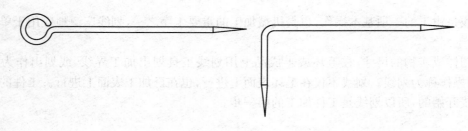

图 2-3　划针

用钢直尺和划针划连接两点的直线时,应先用划针和钢直尺定好一点的划线位置,然后调整钢直尺对准另一点的划线位置,再划出两点的连接直线。划线时的针尖要紧靠导向钢直尺的边缘,上部向外倾斜 15°～20°,向划针移动方向倾斜 45°～75°,如图 2-4 所示。针尖要保持尖锐,划线要尽量一次划成,划出的线条要既清晰又准确。

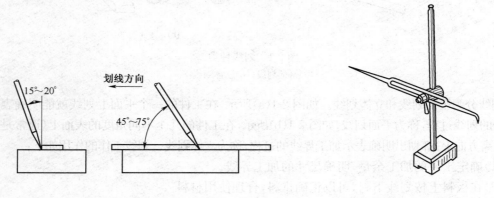

图 2-4　划针用法　　　　　　　　　　　　　　图 2-5　划线盘

3. 划线盘

划线盘结构如图 2-5 所示,通常用来在划线平台上对工件进行划线或找正工件在平台上的正确安放位置。划线盘上划针的直头端用来划线,弯头端用于找正工件的安放位置。

采用划线盘进行划线时,划针应尽量处于水平位置,不要倾斜太大,划针伸出部分应尽量短些,并要牢固地夹紧以免划线时产生震动和引起尺寸变动。划线盘在移动时,底座底平面始终要与划线平台平面贴紧,划针与工件划线表面之间沿划线方向应保持 40°~60° 夹角,以减小划线阻力。划线盘用毕后应使划针处于直立状态,以保证安全和减少所占空间。

4. 高度尺

图 2-6(a)所示为普通高度尺,由钢直尺和尺座组成,用以给划线盘量取高度尺寸。图 2-6(b)所示为高度游标卡尺,它一般附有带硬质合金的划线脚,能直接表示出高度尺寸,其读数精度一般为 0.02 mm,可作为精密划线工具。

高度游标卡尺一般可用来在平台上划线或测量工件高度。

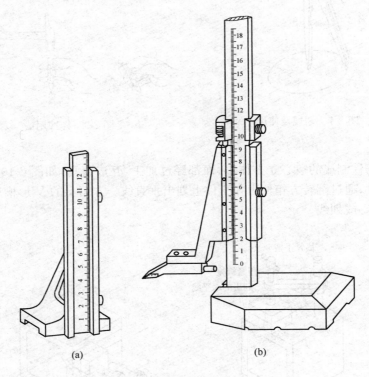

(a)　　　　　　　　　　(b)

图 2-6　高度尺

(a)普通高度尺;(b)高度游标卡尺

高度游标卡尺使用注意要点:

(1)在划线方向上,划线脚与工件划线表面之间应成 45° 左右的夹角,以减小划线阻力。

(2)高度游标卡尺底面与平台接触面应密贴。

(3)高度游标卡尺一般不能用于粗糙毛坯的划线。

(4)用完后应擦净,涂油装盒保管。

5. 划规

划规用来划圆和圆弧、等分线段、等分角度以及量取尺寸等。

划规的使用方法如图 2-7 所示,划规两脚的长短可磨得稍有不同,两脚合拢时脚尖能靠紧。划规的脚尖应保持尖锐,以保证划出的线条清晰。用划规划圆时,应把压力加在作旋转中心的那个脚上。

6. 样冲

样冲是用来在已划好的线上打上样冲眼,这样,当所划的线模糊后,仍能找到原线的 位置。用划规划圆和定钻孔中心时,需先打样冲眼。样冲用工具钢制成并淬硬,工厂中常用废丝锥、铰刀等改制,如图 2-8 所示。

如图 2-9 所示,先将样冲外倾使尖端对准线或线条交点,然后再将样冲立直冲眼。

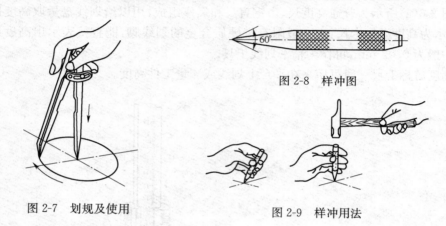

图 2-8　样冲图

图 2-7　划规及使用

图 2-9　样冲用法

7. 方箱

方箱是用铸铁制成的空心立方体,六面都经过加工,互成直角,如图 2-10 所示,方箱用于夹持较小的工件,通过翻转方箱便可在工件上划出垂直线。方箱上的 V 形槽用来安装圆柱形工件,以便找中心或划线。

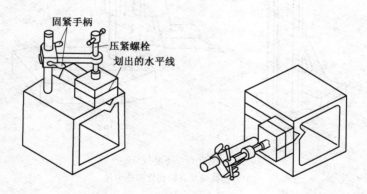

图 2-10　方箱

8. V 形铁

V 形铁又称 V 形块,用钢或铸铁制成,如图 2-11 所示。它主要用于放置圆柱形工件,以便找中心和划出中心线。通常 V 形铁是一副两块,两块 V 形铁的平面、V 形槽是在一次安装中磨出的,因此在使用时不必调节高低。精密的 V 形铁各相邻平面均互相垂直,故也可作为方箱使用。

9. 千斤顶

对较大毛坯件划线时,如图 2-12 所示,常用 3 个千斤顶把工件支撑起来,其高度可以调整,以便找正工件位置。

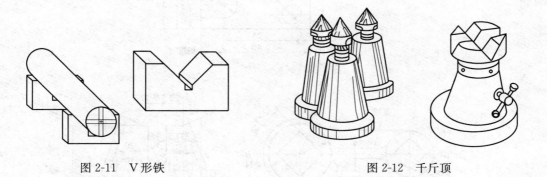

图 2-11　V形铁　　　　　　　　　　图 2-12　千斤顶

10. 直角尺

直角尺在划线时常用作划平行线或垂直线的导向工具,也可用来找正工件平面在划线平台上的垂直位置,直角尺的使用方法如图 2-13 所示。

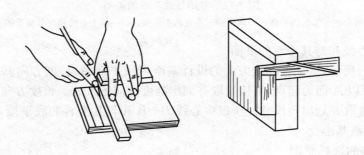

图 2-13　直角尺

三、划线基准

1. 常用的划线基准

在划线过程中所采用的基准称为划线基准。划线时,应先分析图样,找出设计基准,再确定划线基准,使划线基准尽量与设计基准一致(重合),这样划线时才能直接量取尺寸,简化尺寸换算,提高划线效率和质量。常用的划线基准有以下三种类型:

(1)两个相互垂直的平面(或线)

如图 2-14(a)所示,工件的高度和长度两个方向的尺寸都是以两个相互垂直的平面 A、B 为依据进行标注的,尺寸 40 mm、34 mm、$\phi8$ mm 孔等都是可以直接量取尺寸划出,不需再经换算,所以 A、B 两平面分别为高度和长度方向的划线基准。

(2)两条相互垂直的中心线

如图 2-14(b)所示,工件的长度和高度两个方向的尺寸都是以中心线 A—A、B—B 为依据对称标注的。划线时,可以中心线 A—A、B—B 为依据,直接量取尺寸,划出 12 mm×12 mm、$\phi24$ mm、8 mm×8 mm 等各尺寸位置线,所以 A—A、B—B 两条相互垂直的中心线为划线基准。

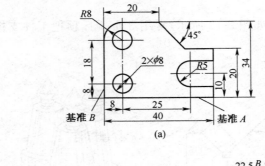

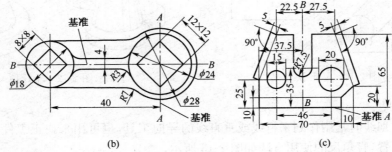

图 2-14　常用划线基准的类型

(a)两个相互垂直的平面；(b)两条相互垂直的中心线；(c)一条中心线和与其垂直的平面

（3）一条中心线和与其垂直的平面

如图 2-14(c)所示，该工件高度方向的设计基准为底平面 A，长度方向基准为中心线 B—B。划线时，可以以 A 面为起点，直接量取并划出高度方向各尺寸。长度方向可以中心线 B—B 为依据，对称量取并划出各尺寸。所以中心线 B—B 和与其垂直的底平面 A 为该工件长度和高度方向的划线基准。

2. 划线基准的选择原则

划线基准是划线时的起始位置，应首先划出。划线基准选择得恰当，可提高划线质量和效率，而划线基准本身的精度（形位公差、表面粗糙度及尺寸公差）也直接影响划线的质量，一般应按以下原则选择：

（1）一般工件每个方向的划线基准应尽量选择其设计基准。在已加工工件上划线时，要选择精度高的面为划线基准，以保证待划要素的位置、尺寸精确。

（2）在已加工工件上划线时，不要取孔的中心线（或对称平面）为划线基准，即使该线（或面）为设计基准，在划线时也无法使用。因为它是条假想存在的线（面），不能作为实际的划线依据，必须经过尺寸换算，转到实际存在的、精度高的、符合规定要求的平面上才有现实意义。

（3）划线时，工件上每个方向都要选择一个主要划线基准。平面划线要选择两个主要划线基准，立体划线要选择三个主要划线基准。

（4）根据工件的复杂程度不同，每个方向上的辅助（次要）划线基准可以选取一个或多个，以保证顺利完成工件的整体划线过程。

四、划线的找正与借料

立体划线在很多情况下是对铸、锻毛坯件划线。各种铸、锻毛坯件，由于种种原因，存在形状歪斜、偏心、各部分壁厚不均匀等缺陷。当形位误差不大时，可以通过划线找正和借料的方法来补救。

1. 找正

对于毛坯工件,划线前一般要先做好找正工作。找正就是利用划线工具使工件上有关的毛坯表面处于合适的位置。找正的目的和方法如下:

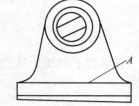

图 2-15　毛坯工件的找正

(1)当毛坯上有不加工表面时,通过找正后再划线,可使加工表面与不加工表面之间保持尺寸均匀。图 2-15 所示的轴承架毛坯,内孔和外圆不同心,底面和上平面 A 不平行,划线前应找正。在划内孔加工线之前,应先以外圆为找正依据,用单角规找出其中心,然后按求出的中心划出内孔的加工线。这样,内孔与外圆就可达到同心要求。在划轴承座底面之前,同样应以上平面(不加工表面 A)为依据,用划线盘找正成水平位置,然后划出底面加工线,这样,底座各处的厚度就比较均匀。

(2)当工件上有两个以上的不加工表面时,应选择其中面积较大、较重要的或外观质量要求较高的为主要找正依据,并兼顾其他较次要的不加工表面,使划线后的加工表面与不加工表面之间的尺寸,如壁厚、凸台的高低等都尽量均匀并符合要求。

(3)当毛坯上没有不加工表面时,通过对各加工表面自身位置的找正后再划线,可使各加工表面的加工余量得到合理和均匀的分布,而不致过于悬殊。

由于毛坯各表面的误差和工件结构形状不同,划线时的找正要按工件的实际情况进行。

2. 借料

铸、锻件毛坯在形状、尺寸和位置上的误差缺陷用找正后的划线方法仍不能补救时,就要用借料的方法来解决。

借料就是通过试划和调整,使各个加工面的加工余量合理分配,互相借用,从而保证各个加工表面都有足够的加工余量,而误差和缺陷可在加工后排除。

要做好借料划线,首先要知道待划毛坯的误差程度,确定需要借料的方向和大小,这样才能提高划线效率。如果毛坯误差超出许可范围,就不能利用借料来补救了。

下面以图 2-16(a)所示的圆环为例来说明借料的具体过程。图中表示的是一个锻造毛坯,其内外圆都要加工。如果毛坯形状比较准确,就可以按图样尺寸进行划线,此时划线工作很简单,如图 2-16(b)所示。现在圆环的内外圆偏心较大,划线就不是那样简单了。若按外圆找正划内孔加工线,则内孔有个别部分的加工余量不够,见图 2-17(a);若按内圆找正划外圆加工线,则外圆个别部分的加工余量不够,见图 2-17(b),只有在内孔和外圆都兼顾的情况下,适当

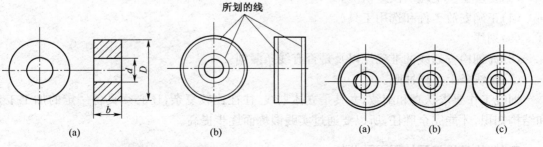

图 2-16　圆环工作图及划线
(a)毛坯;(b)毛坯划线

图 2-17　圆环划线的借料
(a)按外圆找正;(b)按内圆找正;(c)按圆心找正

地将圆心选在锻件内孔和外圆圆心之间的一个适当的位置上划线,才能使内孔和外圆都有足够的加工余量,见图 2-17(c)。这说明通过划线借料,使有误差的毛坯仍能很好地被利用。但是,当误差太大时则无法补救。

第二节　划线技能实训

在掌握了划线工具的使用方法和划线工作的基本知识以后,可以进一步了解划线的具体方法。

一、划线前的准备工作

1. 工件清理

除去铸件上的浇口、冒口、飞边,清除粘砂。除去锻件上的飞边、氧化皮。去除半成品的毛刺,擦净油污。

2. 划线表面涂色

为了使划出的线条清楚,一般都要在工件的划线部位涂上一层薄而均匀的涂料。常用的有石灰水(常在其中加入适量的牛皮胶来增加附着力),一般用于表面粗糙的铸、锻件毛坯的划线;蓝油(在酒精中加漆片和蓝色颜料配成)和硫酸铜溶液,用于已加工表面的划线。

3. 工件孔中装入中心塞块

划线时为了找出孔的中心,以便用划规划圆,在孔中要装入中心塞块,如图 2-18 所示。小孔可用木塞块或铅塞块,大孔用可调节塞块。塞块要塞紧,保证打样冲眼或搬动工件时塞块不会松动。

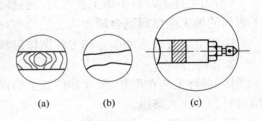

图 2-18　中心塞块
(a)木塞块;(b)铅塞块;(c)可调节塞块

二、划线的步骤

(1)看清楚图样,详细了解工件上需要划线的部位;明确工件及其划线的有关部分的作用和要求;了解有关的加工工艺。

(2)选定划线基准。

(3)初步检查毛坯的误差情况。

(4)正确安放工件和选用工具。

(5)划线。

(6)详细检查划线的准确性以及是否有线条漏划。

(7)在线条上打样冲眼。

划线工作要求认真和细致,尤其是立体划线,往往比较复杂,还必须具备一定的加工工艺和结构知识,才能完全胜任,所以要通过实践锻炼而逐步提高。

三、划线常见问题的原因及分析

划线常见问题的原因及分析见表 2-1。

表 2-1 划线常见问题的原因及分析

形 式	产 生 原 因	预 防 方 法
划线不清楚	(1)划线涂料选择不当； (2)划针、高度尺划脚不锋利	(1)石灰水适用锻、铸件表面，紫色适用已加工表面； (2)保持划脚锋利
划线位置错误	(1)看错图样尺寸，尺寸计算错误； (2)线条太密，尺寸线分不清	(1)划线前分析图样，认真计算； (2)可分批划线
划线弯曲不直	划线尺寸太高，划针、高度尺用力不当，产生抖动	(1)首先应擦干净平板，并涂一薄层全损耗系统用油； (2)线过高时，应垫上方箱
立体划线重复次数太多	(1)借料方向、大小有误； (2)主要表面与次要表面混乱	(1)分析图样，确定借料方向、大小； (2)试借一次后，统一协调各表面
镶块、镶条脱落	(1)镶块、镶条塞得不紧； (2)木质太松； (3)打样冲时用力太大	(1)对大型零件，用金属镶条撑紧； (2)用木质较硬的木材； (3)打样冲时，应垫实镶条，然后再打

四、划线技能训练

1. 平面划线

划线工件为一划线样板，其形状和尺寸要求如图 2-19 所示。

毛坯为一块 200 mm×190 mm 钢板，平面已粗磨。根据图样要求要在板料上把全部线条划出。具体划线过程如下：

(1)在孔 $\phi35$ mm 中心处划两条互相垂直的中心线 I—I 和 II—II，以此为基准得圆心 O_1。

(2)划 69 mm 的水平线，得圆心 O_2，划出尺寸 84 mm 的垂线，得圆心 O_3。

(3)以 O_1 为圆心，R32 mm 和 R50 mm 为半径划弧。以 O_2 为圆心，R19 mm 和 R50 mm 为半径划弧。以 O_3 为圆心，R34 mm、R52 mm 和 R65 mm 为半径划弧。

(4)作出外圆弧的公切线，并划出与外圆弧公切线相平行的内圆弧公切线。内圆弧公切线与外圆弧公切线相距 31 mm。

(5)划出尺寸为 38 mm、35 mm 和 28 mm 的水平线。

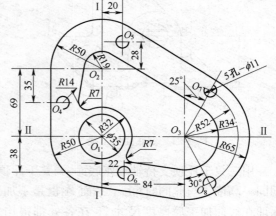

图 2-19 划线样板

(6)划出尺寸为 37 mm、20 mm 和 22 mm 的竖直线，得圆心 O_4、O_5、O_6。

(7)求出两处 R7 弧的圆心，并划出两处 R7 圆弧，分别与 R32 圆弧及其切线相切。

(8)通过圆心 O_3 点分别沿 25°和 30°划线得圆心 O_7 和 O_8。

(9)划出孔 $\phi35$ mm 和孔 5—$\phi11$ mm 的圆周线。

至此全部线条划完。在划线过程中，圆心找出后即应打样冲眼，以备用圆规划圆弧。划水平线和垂直线的方法可按实际条件确定。

2. 立体化线

现以图 2-20 所示的轴承座为例来说明其立体划线的方法。

此轴承座需要加工的部位有底面、轴承座内孔、两个螺栓孔及其上平面、两个大端面。这些加工部位的线条都要划出。需要划线的尺寸共有三个方向,所以工件要安放三次才能划完所有的线条。

划线的基准选定为轴承座内孔的两个中心平面Ⅰ—Ⅰ和Ⅱ—Ⅱ,以及两个螺栓孔的中心平面Ⅲ—Ⅲ,如图 2-21、2-22和图 2-23 所示。

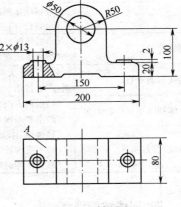

图 2-20 轴承座

第一次应划底面加工线,如图 2-21 所示。因为这一方向的划线工作将牵涉到主要部位的找正和借料。先划这一方向的尺寸线可以正确地找正好工件的位置和尽早了解毛坯的误差情况,以便进行必要的借料,否则会产生返工现象。

先确定 $\phi 50$ 轴承座内孔和 R50 外轮廓的中心。由于外轮廓是不加工的,并直接影响外观质量,所以应以 R50 外圆为找正依据求出中心。即先在装好中心塞块的孔的两端,用单脚规或圆规求出中心,然后用圆规试划 $\phi 50$ 圆周线,看内孔四周是否有足够的加工余量。如果内孔与外轮廓偏心过多,就要作适当的借料,即移动所求的中心位置。此时内孔与外轮廓的壁厚稍不均匀,只要在允许的范围内,则还是许可的。

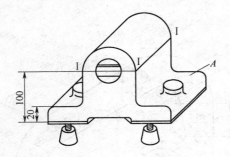

图 2-21 划底面加工线

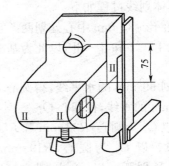

图 2-22 划螺栓孔中心线

用三只千斤顶支持轴承座底面,调整千斤顶高度并用划线盘找正,使两端孔中心初步调整到同一高度。与此同时,由于平面 A 也是不加工面,为了保证在底面加工后厚度尺寸 20 在各处都很均匀一致,还要用划线盘的弯脚找正 A 面,使 A 面尽量达到水平位置。当两端孔中心要保持同一高度和 A 面又要保持水平位置,两者发生矛盾时,就要兼顾两方面进行处理,因为轴承座内孔的壁厚和底座边缘厚度都比较重要,也都明显地影响外观质量,所以应将毛坯误差适当地分配于这两个部位。必要时,还应对已找出的轴承座内孔的中心重新调整(即借料),直至这两个部位都达到满意的结果为止。接着,用划线盘试划底面加工线,如果四周加工余量不够,还要把中心适当借高(即重新借料)。到最后确定不需再变动时,就可在中心点上打样冲眼,划出基准线Ⅰ—Ⅰ和底面加工线。

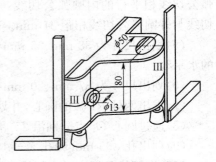

图 2-23 划大端面加工线

两个螺栓孔的上平面加工线划与不划都无妨,只要有一定的加工余量,加工时控制尺寸不会发生困难。

在划Ⅰ—Ⅰ基准线和底面加工线时，工件的四周都要划到，以备下次划其他方向的线条和在机床上加工时作找正位置用。

第二次应划两螺栓孔的中心线，如图 2-22 所示，因为这个方向的位置已由轴承座内孔的两端中心和已划的底面加工线确定。将工件翻转到图示要求位置，用千斤顶支持，通过千斤顶的调整和划线盘的找正，使轴承座内孔两端的中心处于同一高度，同时用角尺按已划出的底面加工线找正到垂直位置。这样，工件第二次的安放位置已正确。

接着，就可划出Ⅱ—Ⅱ基准线。然后再根据尺寸要求划出两个螺栓孔的中心线。这一方向的尺寸线也全部划好。两螺栓孔的中心线不需在工件的四周都划出，因已有主要的Ⅱ—Ⅱ基准线在四周划好，下次安放工件已有找正依据。

第三次是最后划出两个大端面的加工线，如图 2-23 所示。将工件再翻转到图示要求 位置，用千斤顶支持工件，通过千斤顶的调整和角尺的找正，分别使底面加工线和Ⅱ-Ⅱ中心线处于垂直位置。这样，工件第三次的安放位置已正确。

接着，以两个螺栓孔的中心为依据，试划两大端面的加工线。如两面的加工余量有偏差过多或一面不够的情况，则可适当调整螺栓孔中心（借料）。最后即可划出Ⅲ—Ⅲ基准线和两个大端面的加工线。此时，第三个方向的尺寸线也全部划好。

用划规划出轴承座内孔和两个螺栓孔的圆周尺寸线。

经过检查无错误无遗漏，最后，在所划线条上打上样冲眼，至此，轴承座立体划线就全部完成。

思　考　题

1. 什么叫划线？划线的种类有哪些？
2. 常用划线工具有哪些？
3. 划线基准的选择原则是什么？
4. 划线基准有哪些基本类型？
5. 划线通常要按哪些步骤进行？
6. 什么是找正？根据什么找正？
7. 什么是借料？为什么要借料？
8. 现有一个圆环毛坯，其外圆为 $\phi69$ mm，内孔为 $\phi25$ mm，由于铸造缺陷，使得内外圆圆心偏移了 5 mm。图纸要求其内外圆都加工，内孔为 $\phi32$ mm，外圆为 $\phi62$ mm。试用 1：1 的比例画图并计算借料方向和大小。

第三章

錾 削

【学习目标】
1. 了解錾削的特点及应用,能正确掌握錾子和手锤的握法及锤击动作。
2. 根据被錾切材料的不同性质,会正确刃磨錾子的几何角度。
3. 掌握平面錾削方法及操作技能,了解錾削时的安全知识。

第一节 錾削基础知识

錾削是钳工工作中一项重要的基本操作,它是利用手锤打击錾子对金属进行切削加工,以去除工件上多余部分的一种操作方法。目前錾削工作主要用于不便于机械加工的场合,如去除毛坯上的凸缘、毛刺,分割材料,錾削平面及沟槽等。

錾削的工具主要是錾子和手锤。

一、錾 子

錾子由头部、切削部分及錾身三部分组成,如图 3-1 所示。头部有一定的锥度,顶端略带球形,以便锤击时作用力容易通过錾子中心线,使錾子容易保持平稳。錾身多数呈八棱形,以防止錾削时錾子转动。

1. 錾子的种类及应用

常用錾子有三种:

(1)扁錾 如图 3-1(a)所示,扁錾切削部分扁平,刃口略带弧形。主要用于錾削平面、去毛刺和分割板料等。

(2)尖錾 如图 3-1(b)所示,尖錾切削刃比较短,切削部分的两侧从切削刃到錾身是逐渐狭小,以防止錾槽时两侧面被卡住。尖錾主要用来錾削沟槽及分割曲线形板料。

(3)油槽錾 如图 3-1(c)所示,油槽錾切削刃很短,并呈圆弧形,为了能在对开式的内曲面上錾削油槽,其切削部分做成弯曲形状。油槽錾常用来錾切平面或曲面上的油槽。

2. 錾子的切削原理

錾子一般由碳素工具钢锻成,将切削部分刃磨成楔形,经热处理后使其硬度达 HRC56～62。

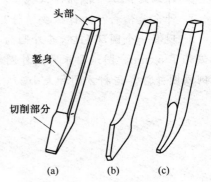

图 3-1 錾子的种类
(a)扁錾;(b)尖錾;(c)油槽錾

图 3-2 所示为錾削平面时的情况,錾子切削部分由前刀面、后刀面以及它们的交线形成的切削刃组成。

錾削时形成的切削角度有:

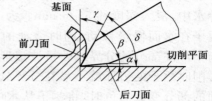

图 3-2 錾子的几何角度

（1）楔角 β 前刀面与后刀面的夹角 β 称为楔角,它是决定錾子切削性能和强度的主要参数,楔角愈大,切削部分的强度愈高,但錾削阻力也愈大,切削愈困难。所以,选择錾子楔角时应是在保证切削部分有足够强度的前提下,尽量选取较小的楔角。錾削硬钢或铸铁等硬材料时,楔角 β 取 $60°\sim70°$;錾削一般钢料或中等硬度材料时,楔角 β 取 $50°\sim60°$;錾削铜或铝等软材料时,楔角 β 取 $30°\sim 50°$。

（2）前角 γ 它的位置是在前刀面与切屑之间的空间范围内,其作用是促进切屑在前刀面上流动轻快、流畅。前角愈大,刀具愈锐利,愈容易切入工件中,切削愈省力。

（3）后角 α 它的位置在后刀面与加工面相切的平面之间的空间内,它的大小直接影响刀具后刀面和已加工面间的摩擦。后角过大,会使錾子切入工件太深,使錾削困难;后角过小,錾子容易划出工件表面,不易切入工件,一般后角选取 $5°\sim 8°$。

二、手 锤

手锤是钳工常用的敲击工具,由锤头和木柄组成,如图 3-3 所示。锤头一般用工具钢制成,并经热处理淬硬。木柄用比较坚韧的木材制成,如白蜡木、檀木等。木柄装入锤孔后用楔子楔紧,以防锤头脱落。

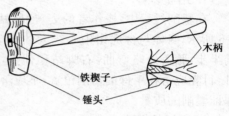

图 3-3 手锤

手锤的规格用锤头的质量来表示,有 0.25 kg、0.5 kg、1 kg 等几种。常用的手锤为 0.5 kg,柄长约 350 mm 左右。

第二节 錾削技能实训

一、錾子的刃磨和热处理

1. 錾子的刃磨

錾子刃部在使用过程中应经常刃磨,以保持切削刃的锋利。刃磨錾子应先在砂轮机上粗磨,若錾削要求高,如錾削光滑的油槽或加工光洁的表面时,錾子在粗磨后还应在油石上 精磨。

錾子切削刃的刃磨方法如图 3-4 所示,操作者站在砂轮的侧面,将錾子的刃面置于旋转的砂轮边缘上,在砂轮的全宽方向做左右移动,用于控制刃磨的部位和角度,将两个面交替翻转刃磨,使刃部两面相交成一线,即形成切削刃。刃磨时应注意楔角要与錾子中心线对称(油槽錾例外)。加在錾子上的压力不应太大,防止錾子的刃部因过热而退火,在刃磨过程中应经常将錾子刃部浸入冷水中冷却。

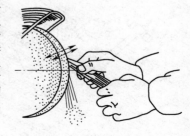

2. 錾子的热处理

图 3-4 在砂轮上刃磨錾子

合理的热处理能保证錾子切削部分的硬度和韧性。其方法如图 3-5 所示,将粗磨成形的錾子长约 20 mm 的切削部分加热到 750～780 ℃(呈樱红色),然后迅速将錾子浸入冷水中,浸入深度约 5～6 mm。为了加速冷却,可手持錾子在水面慢慢移动,同时微动的水波会使錾子淬硬与不淬硬部分的分界线处呈波浪形且逐渐过渡,这样,錾削时錾子的刃部就不易在分界处断裂。待露在水外面的部分变成黑色时,将錾子从水中取出,利用上部的余热进行回火,以提高錾子的韧性。回火的温度根据錾子表面颜色的变化来判断,刚出水面的颜色为白色,

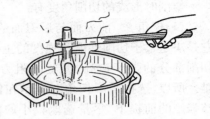

图 3-5 錾子的刃部淬火

随着温度升高,颜色变成黄色,后由黄色变为蓝色,最后呈黑色。当呈黄色时,把錾子全部浸入冷水中冷却,该过程称为"淬黄火";如果呈蓝色时把錾子全部浸入冷水中冷却,该过程称"淬蓝火"。"淬黄火"的錾子硬度较高,韧性差;"淬蓝火"的錾子硬度稍低,但韧性较好。

二、錾削要领

1. 站立姿势

在錾削过程中,操作者的姿势、所站的位置影响着锤击的力量大小。一般站立位置如图 3-6 所示,身体与台虎钳中心线大致成 75°角,略向前倾,左脚跨前半步,膝盖处略弯曲,右脚站稳伸直,作为主要支点。面向工件,目光应落在工件的切削位置,不应落在錾子的头部,这样才能保证錾削的质量。

2. 手锤的握法

手锤的握法有紧握法和松握法两种。

(1)紧握法 如图 3-7(a)所示,右手五指紧握锤柄,大拇指合在食指上,虎口对准锤头方向,木柄尾端露出约 15～30 mm。在挥锤和锤击的整个过程中,右手五指始终紧握锤柄。初学者往往采用此法。

(2)松握法 如图 3-7(b)所示,握锤方法同紧握法一样,当手锤抬起时,小指、无名指和中指依次放松,只保持大拇指和食指握持不动。锤击时,中指、无名指和小指再依次握紧锤柄。这种握法,锤击有力,挥锤手不易疲劳。

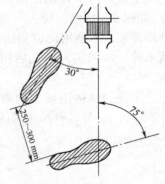

图 3-6 錾削时的站立位置

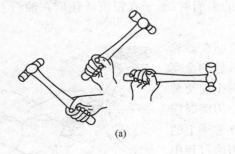

(a)

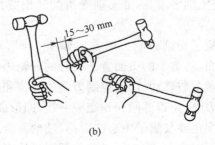

(b)

图 3-7 手锤的握法

(a)紧握法;(b)松握法

3. 鏨子的握法

鏨子的握法有两种,一种是正握法,如图 3-8(a)所示,左手手心向下,拇指和食指夹住鏨子,鏨子头部伸出 20 mm 左右,其余三指向手心弯曲握住鏨子,不能太用力,应自然放松,该握法应用广泛。另一种是反握法,如图 3-8(b)所示,左手手心向上,大拇指放在鏨子侧面略偏上,自然伸屈,其余四指向手心弯曲握住鏨子,这种握鏨子的方法鏨削力较小,鏨削方向不容易掌握,一般在不便于正握鏨子时才采用。

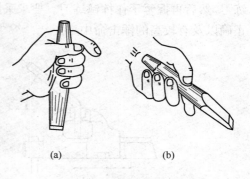

图 3-8 鏨子的握法
(a)正握法;(b)反握法

4. 挥捶法

鏨削时的挥锤方法有腕挥法、肘挥法和臂挥法三种。

(1)腕挥法 如图 3-9(a)所示,仅用手腕的动作进行锤击运动,采用紧握法握锤,一般用于鏨削余量较少的鏨削开始或结尾。

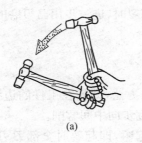

图 3-9 挥捶法
(a)腕挥法;(b)肘挥法;(c)臂挥法

(2)肘挥法 如图 3-9(b)所示,用手腕与肘部一起挥动作锤击运动,采用松握法握锤,锤击力较大,效率较高,应用最多。常用于鏨削平面、切断材料或鏨削较长的键槽。

(3)臂挥法 如图 3-9(c)所示,手腕、肘和全臂一起挥动,协调动作,锤击力最大。一般用于大切削量的鏨削。

5. 锤击要领

锤击时,锤子在右上方划弧形作上下运动,眼睛要看在切削刃和工件之间,锤子敲下去应有加速度,可增加锤击的力量。

锤击要稳、准、狠,其动作要一下一下有节奏地进行。锤击速度一般在肘挥时 40 次/min,腕挥时 50 次/min。

三、鏨削基本操作

1. 鏨削基本姿势练习

鏨削姿势训练主要通过定点敲击和无刃口鏨削,掌握鏨子和手锤的握法、挥锤方法、站立姿势等,为平面、直槽鏨削打基础。此外,通过鏨削训练,还可提高锤击的准确性,为掌握矫正、弯形和装拆机械设备打下扎实的基础。

(1)如图 3-10(a)所示,将"呆錾子"夹紧在台虎钳中作锤击练习。先左手不握錾子作挥锤练习,然后再握錾子作挥锤练习。要求采用松握法挥锤,达到站立位置和挥锤姿势动作的基本正确以及有较高的锤击命中率。

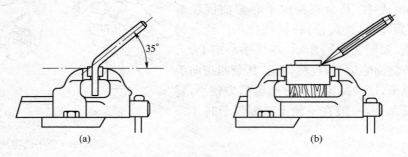

图 3-10　錾削基本姿势练习

(a)用"呆錾子"进行锤击练习;(b)用无刃口錾子模拟錾削练习

(2)如图 3-10(b)所示,将长方铁坯夹紧在台虎钳中,下面垫好木垫,用无刃口錾子对着凸肩部分进行模拟錾削的姿势训练。要求用松握法挥锤,达到站立位置、握錾子方法和挥锤姿势动作的正确规范,锤击力量逐步加强。

(3)当姿势动作和锤击的力量能适应实际的錾削练习时,进一步用已刃磨的錾子把长方形铁的凸台錾平。

2. 平面錾削

(1)起錾方法

錾削平面时,如图 3-11(a)所示,应采用斜角起錾的方法,即先在工件的边缘尖角处,将錾子放成一 θ 角,錾出一个斜面,然后按正常的錾削角度逐步向中间錾削。

在錾削槽时,如图 3-11(b)所示,则必须采用正面起錾,即起錾时全部刀刃贴住工件錾削部位的端面,錾出一个斜面,然后按正常角度錾削。

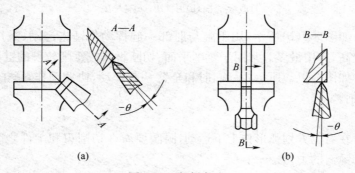

图 3-11　起錾方法

(a)斜角起錾;(b)正面起錾

(2)正常錾削

錾削时,左手握稳錾子,眼睛注视刀刃处,右手挥锤锤击。一般应使后角 α 保持在 $5° \sim 8°$ 之间不变。錾削的切削深度,每次以选取 $0.5 \sim 2$ mm 为宜。如錾削余量大于 2 mm,可分几次錾削。

在錾削过程中,一般每錾削两三次后,可将錾子退回一些,作一次短暂的停顿,然后再将刀刃顶住錾削处继续錾削,这样既可随时观察錾削表面的平整情况,又可使手臂肌肉有节奏地得到放松。

3. 尽头錾削

如图 3-12 所示,在一般情况下,当錾削接近尽头约 15 mm 时,必须调头錾去余下的部分。当錾削脆性材料时更应如此,否则,尽头处就会崩裂。

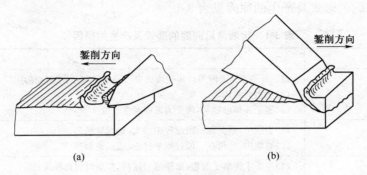

图 3-12 尽头錾削

(a)正确;(b)错误

4. 窄平面錾削

如图 3-13 所示,在錾削较窄平面时,錾子的切削刃最好与錾削前进方向倾斜一个角度,而不是保持垂直位置,使切削刃与工件有较多的接触面,这样,錾子容易掌握稳当,否则錾子容易左右倾斜而使加工面高低不平。

5. 宽平面錾削

当錾削较宽平面时,由于切削面的宽度超过錾子的宽度,錾子切削部分的两侧被工件材料卡住,錾削十分费力,錾出的平面也不会平整。所以一般应先用狭錾间隔开槽,然后再用扁錾錾去剩余部分。

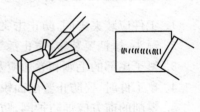

图 3-13 窄平面錾削

6. 錾削油槽

油槽錾切削刃的形状应和图样上油槽断面形状刃磨一致。其楔角大小应根据被錾材料的性质而定。錾子的后面,其两侧应逐步向后缩小,保证錾削时切削刃上各点都能形成一定的后角,并且后面应用油石修光,以使錾出的油槽表面光洁。在曲面上錾油槽的錾子,为保证錾削过程中的后角基本一致,其錾子前部应锻成弧形,圆弧刃口的中心点应在錾子中心线的延长线上。

在平面上錾油槽如图 3-14(a)所示,起錾时錾子要慢慢地加深至尺寸要求,錾到尽头时刃

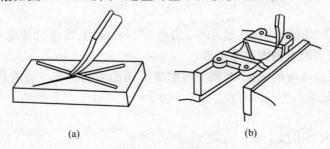

图 3-14 錾削油槽

(a)平面上錾油槽;(b)曲面上錾油槽

口必须慢慢翘起,保证槽底圆滑过渡。在曲面上錾油槽如图 3-14(b)所示,錾子的倾斜情况应随着曲面而变动,使錾削时的后角保持不变,油槽錾好后,再修去槽边毛刺。

四、錾削常见问题的形式及产生的原因

錾削常见问题的形式及产生的原因见表 3-1。

表 3-1　錾削常见问题的形式及产生的原因

形　式	产　生　原　因
表面粗糙	(1) 錾子淬火太硬刃口崩裂或刃口已钝不锋利还在继续使用; (2)锤击力不均匀; (3)錾子头部已锤平,使受力方向经常改变
錾削面凹凸不平	(1)錾削中,后角在一段过程中过大,造成整面凹; (2)錾削中,后角在一段过程中过小,造成整面凸
表面有梗痕	(1)左手末将錾子握稳,面使錾刃倾斜,錾削时刃角梗入; (2)錾子刃磨时刃口磨成中凹
崩裂或塌角	(1)錾到尽头时未调头錾,使棱角崩裂; (2)起錾量太多,造成塌角
尺寸超差	(1)起錾时尺寸不准; (2)錾削时测量、检查不及时

五、錾削安全注意事项

1. 工件应装夹牢固,防止击飞伤人。
2. 锤头、锤柄要装牢,防止锤头飞出伤人,操作时不准戴手套,木柄上不应有油。
3. 錾子尾部的毛刺和卷边应及时磨掉,錾子刃口经常修磨锋利,避免打滑。
4. 拿工件时,要防止錾削面锐角划伤手指。
5. 錾削的前方应加防护网,防止铁屑伤人。
6. 清除铁屑应用刷子,不得用手抹或用嘴吹。

六、錾削技能训练

1. 錾削直槽

(1)准备工作

材料为灰铸铁 HT150;工具:狭錾两把,锤子,垫木若干;量具:钢板尺。

(2)图纸分析

錾削图纸如图 3-15 所示,直槽錾削中,槽宽 $8^{+0.5}_{0}$ mm,主要通过狭錾的刃口宽尺寸来保证,因此狭錾的正确刃磨对槽宽非常重要。

直槽槽侧、槽底直线度的保证,与第一遍起錾及锤击力的轻重一致有较大的关系,掌握正确的直槽錾削方法是本例练习的重点。

(3)錾削操作

①根据图纸要求划出加工线。

②根据槽宽刃磨好尖錾。

③采用正面起錾,即对准划线槽先錾出一个小斜面,再逐步进行錾削。

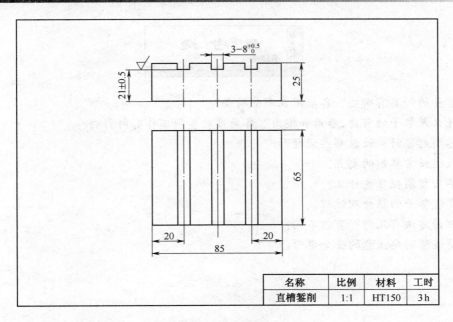

名称	比例	材料	工时
直槽鏨削	1:1	HT150	3 h

图 3-15　直槽鏨削图纸

④确定鏨削余量：

a. 第一遍鏨削，根据划线线条将槽鏨直，鏨削量一般不超 0.5 mm；

b. 以后的每次鏨削量应根据槽深不同而定，一般在 1 mm 左右；

c. 最后一遍的修正量不超过 0.5 mm。

⑤挥锤方法采用腕挥法，用力大小要适当，防止鏨子刃端崩裂，同时，用力轻重应一致，以保证槽底的平整。

2. 鏨切板料

(1)薄板料的切断

如图 3-16 所示，将板料夹在虎钳上，用扁鏨沿钳口斜对着板料（约成 45°角）自右向左鏨切。应注意工件夹持牢固，将加工线与钳口对齐。

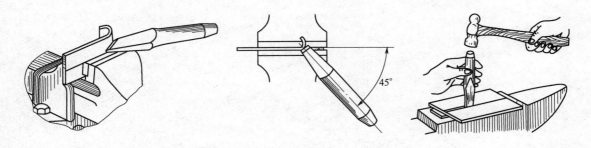

图 3-16　薄板料的切断　　　　　　　　图 3-17　厚板料的切断

(2)厚板料的切断

如图 3-17 所示，厚板料或大型板料应在铁砧或平板上进行切断。在板料上划线，距离加工线 2 mm 处开鏨，鏨切后板料应保证基本上平整，不得翘曲和损伤切断线。鏨切直线段时，鏨子切削刃可宽一些，鏨切曲线段时，刃宽应根据其曲率半径大小而定。

思 考 题

1. 錾子的种类有哪些？各应用在哪些场合？
2. 什么是錾子的前角、后角和楔角？各角度对錾削工作有何影响？
3. 錾削起錾时应注意哪些问题？
4. 叙述正常錾削的要点。
5. 尽头錾削应注意什么？
6. 简述錾子的热处理过程。
7. 挥锤方法有几种？有何不同？
8. 简述錾削要注意的安全事项。

第四章

锯 削

【学习目标】

1. 了解手锯的构造、根据不同材料会正确选用锯条,并能正确安装。
2. 了解常用锯条的结构和尺寸数据,懂得锯路,知晓适用场合。
3. 掌握锯削的基本要领,能正确地锯削各种材料。

第一节 锯削基础知识

利用手锯把材料或工件分割或切槽的方法称为锯削。锯削是钳工最基本的操作之一,在钳工工作中,常用锯削来完成各种材料的锯断、锯掉多余部分、开槽等。锯削水平的高低会影响到尺寸精度和锉削量的大小,因而直接影响到工作效率。锯削的工作范围如图 4-1 所示。

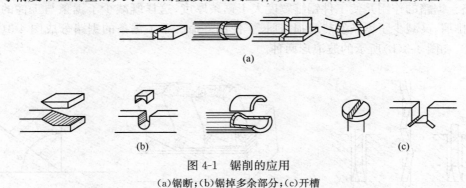

图 4-1 锯削的应用

(a)锯断;(b)锯掉多余部分;(c)开槽

一、手 锯

手锯分成锯弓和锯条两部分。锯弓是用来张紧锯条的。常用的锯弓有固定式和可调式两种。

1. 固定式锯弓

固定式锯弓的结构如图 4-2(a)所示,锯弓两端张拉锯条的穿销可作 90°的旋转,这样锯条可以有平行或垂直锯弓的两个位置,平行放置作一般的锯切,垂直放置时用于深度切割。固定式锯弓的长度不能改变,因而只能用一种长度的锯条。

2. 可调式锯弓

可调式锯弓的结构如图 4-2(b)所示,它的装调锯条部分结构与固定式锯弓相同,但锯弓的长度是可以改变的,一般在锯弓上有三个挡位,可以换用三种长度的锯条。

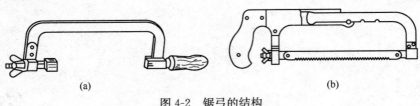

图 4-2　锯弓的结构

(a)固定式锯弓；(b)可调式锯弓

　　在钳工锯削中，锯条的长短对锯削影响很小，一种长度的锯条就可以作一般的切割了，所以固定式和可调式两种锯弓使用起来都很方便。

二、锯　　条

　　锯条是手锯的切削部分，它的性能好坏直接影响到锯削的效果。

　　1. 锯条的材料和规格

　　通常用的锯条是用低碳钢冷轧渗碳而成的，这种锯条成本低廉，性能一般，可用于普通材料的锯切。高性能的锯条是采用碳素工具钢或合金钢制成，可用于切割硬质材料并且经久耐用。

　　锯条的长度是用两端安装孔的中心锯来表示的，一般有 200 mm、250 mm 和 300 mm 三种，常用的是 300 mm，这种锯条宽 12 mm，厚度为 0.6 mm。

　　2. 锯条的结构

　　锯条是利用锯齿的锋利切削刃来锯削材料的，锯齿按一定规律左右错开的不同排列方式称为锯路。锯路的作用是使工件锯缝宽度大于锯条厚度，这样既减少了锯条与工件的摩擦阻力，便于排屑，又减少了锯条发热磨损，延长了使用寿命。手工锯条的锯路分成图 4-3(a)所示的交叉形，和图 4-3(b)所示的波浪形两种。

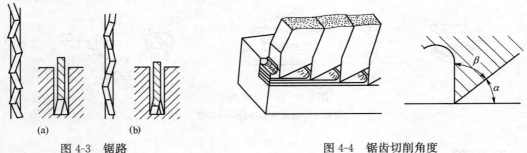

图 4-3　锯路

(a)交叉形；(b)波浪形

图 4-4　锯齿切削角度

　　交叉形锯路的锯条特点是锯削阻力大、锯削快，但锯削后的表面不如波浪形的平滑，波浪形锯条特点则与交叉形相反。

　　锯齿工作时如图 4-4 所示，相当于一排形状相同的錾子，每个齿都有切削作用。锯齿的切削角度为：前角 $\gamma=0°$，后角 $\alpha=40°$，楔角 $\beta=50°$。

　　3. 锯条的选用

　　锯齿的粗细用每 25 mm 长度内齿的个数来表示。14～18 个齿称为粗齿锯条，22～24 个齿称为中齿锯条，32 个齿则称为细齿锯条。

　　(1)粗齿锯条　适宜锯割软材料和厚材料，因在这些情况下锯屑较多，为防产生堵塞现象，要求锯条有较大的容屑空间。如铜、铝、铸铁和低碳钢等的锯割。

（2）细齿锯条　适宜加工硬材料及管子或薄材料。对于硬材料,细齿锯条齿数多,同时参加切削的齿数多,可提高锯割效率。对于管子或薄板,小齿主要是防止锯齿被钩住,减小切割阻力。

4. 锯条的安装

安装锯条时,如图 4-5 所示,须将锯条锯齿的齿尖方向朝前,切不可装反。调节蝶形螺母张紧锯条,松紧程度要适当。特别要注意,锯条安装后要调整锯条与锯弓在同一平面内,否则,锯削时就会跑偏。

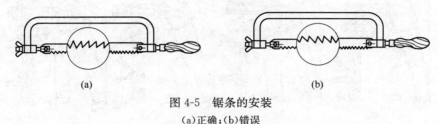

(a) (b)

图 4-5　锯条的安装

(a)正确;(b)错误

第二节　锯削技能实训

一、锯削姿势及要领

1. 锯削姿势

（1）握锯方法

如图 4-6 所示,右手满握锯柄,左手轻扶在锯弓前端,双手将手锯扶正,放在工件上准备锯削。

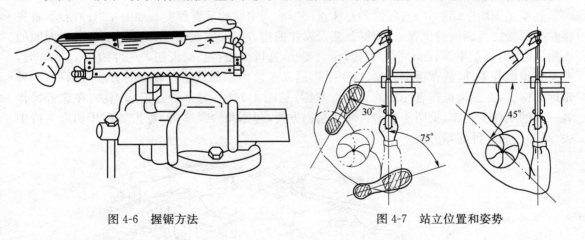

图 4-6　握锯方法　　　　　　图 4-7　站立位置和姿势

（2）站立位置和姿势

锯削时,操作者的站立位置和姿势见图 4-7,与錾削基本相同。

（3）锯削动作

锯削前,如图 4-8(a)所示,左脚跨前半步,左膝盖处略有弯曲,右腿站稳伸直,不要太用力,整个身体保持自然。双手握正手锯放在工件上,左臂略弯曲,右臂要与锯削方向基本保持平行,顺其自然。

向前锯削时,如图 4-8(b)所示,身体与手锯一起向前运动,此时,右腿伸直向前倾,身体也随之前倾,重心移至左腿上,左膝盖弯曲。

随着手锯行程的增大,身体倾斜角度也随之增大,如图 4-8(c)所示。

　　手锯推至锯条长度约 3/4 时，身体停止运动，手锯准备回程，见图 4-8(d)，此时，由于锯削的反作用力，使身体向后倾，带动左腿略伸直，身体重心后移，手锯顺势退回，身体恢复到锯削的起始姿势。当手锯退回后，身体又开始前倾运动，进行第二次锯削。

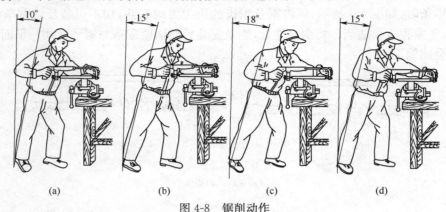

图 4-8　锯削动作
(a)锯削前；(b)向前锯削；(c)行程的增大；(d)回程

　　锯削动作中，身体运动的目的是为了将身体的作用力作用于锯条上，这样可大大增加锯切力，但又不能将全部的身体作用力全加到锯条上，否则锯条就会破碎。正确的方法是锯切中不断地感觉被切材料的阻力、刚度及锯条沿划线的偏离程度，随时调整作用力的大小及方向，以锯条不破碎而又能发挥最大作用力为目标，使锯切达到最好的效果和最高的工作效率。

　　2. 起锯方法

　　起锯是锯削运动的开始，起锯的好坏直接影响到锯切的平直程度。如图 4-9(a)所示，首先将左手拇指按在锯削的位置上，使锯条侧面靠住拇指，起锯角(锯齿下端面与工件上表面间的夹角)约 15°，推动手锯，此时行程要短，压力要小，速度要慢。当锯齿切入工件约 2~3 mm 时，左手拇指离开工件，放在手锯外端，扶正手锯进入正常的锯削状态。起锯的方法有两种：一种是远起锯法，在远离操作者一端的工件上起锯，见图 4-9(b)；另一种是近起锯法，在靠近操作者一端的工件上起锯，见图 4-9(c)。前者起锯方便，起锯角容易掌握，锯齿能逐步切入工件中去，是常用的一种起锯方法。

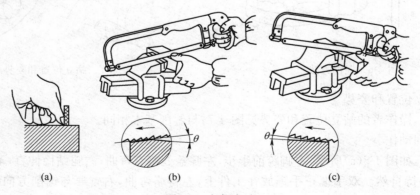

图 4-9　起锯方法
(a)起锯开始；(b)远起锯法；(c)近起锯法

　　起锯时要注意：锯条侧面必须靠紧拇指，或手持一物代替拇指靠紧锯条侧面，保证锯条在某一固定的位置起锯，并平稳地逐步切入工件，不会跳出锯缝。起锯角的大小要适当，起锯角太大时,会被工件棱边卡住锯齿,将锯齿崩裂,并会造成手锯跳动不稳;起锯角太小时,锯条与工件接触的齿数太多,不易切入工件,还可能偏移锯削位置,而需多次起锯,出现多条锯痕,影响工件表面质量。

3. 锯削要领

(1)锯削用力方法:锯削时,对锯弓施加的压力要均匀,大小要适宜,右手控制锯削时的推力和压力,左手辅助右手将锯弓扶正,并配合右手调节对锯弓的压力。锯削时,对锯弓施加的压力不能太大,推力也不能太猛,推进速度要均匀,快慢要适中。手锯退回时,锯条不进行切削,不能对锯弓施加压力,应跟随身体的摆动,手锯自然拉回。工件将锯断时,要目视锯削处,左手扶住将锯断部分材料,右手推锯,压力要小,推进要慢、速度要低、行程要短。

(2)手锯的运动方式:锯削时,手锯的运动方式有两种:一种是锯削时,手锯作小幅度的上下摆动,即右手向前推进时,身体也随之向前倾,在左右手对锯弓施加压力的同时,右手向下压,左手向上翘,使手锯作弧形的摆动。手锯返回时,右手上抬,左手随其自然跟随,携同手锯离开工件并退回。这种运动方式,可以减少锯削时的阻力,锯削省力,提高锯削效率,适用于深缝锯削或大尺寸材料的锯断。另一种是手锯作直线运动,这种运动方式,参加锯削的齿数较多,锯削费力,适用于锯削底平面为平直的槽子、管子和薄板材料等。

(3)锯削运动的速度:锯削运动的速度要均匀、平稳、有节奏、快慢适度,否则容易使操作者很快疲劳,或造成锯条过热以致很快损坏。一般锯削速度为40次/min左右,软的材料锯削速度可稍快一点;硬度高的材料锯削速度低一些;锯削钢件时宜加适量切削液,锯条返回时要比推锯时快一些。

(4)要经常注意锯缝的平直情况并及时找正。工件将要锯断时,应减小压力,避免因工件突然断开,手仍用力向前冲而产生事故;左手应扶持工件断开部分,右手减慢锯削速度逐渐锯断,避免工件掉下砸伤脚。

二、锯削常见问题的形式及产生的原因

锯削常见问题的形式及产生的原因见表 4-1。

表 4-1 锯削常见问题的形式及产生的原因

形 式	产 生 原 因
锯齿折断	(1)锯条装得过紧或过松; (2)锯削时压力太大或锯削用力偏离锯缝方向; (3)工件未夹紧,锯削时松动; (4)锯缝歪斜后强行纠正; (5)新锯条在旧锯缝中卡住而折断; (6)工件锯断时,用力过猛使手锯与台虎钳等物相撞而折断; (7)中途停止使用时,手锯未从工件中取出而碰断
锯齿崩裂	(1)锯齿的粗细选择不当,如锯管子、薄板时用粗齿锯条; (2)起锯角度太大,锯齿被卡住后仍用力推锯; (3)锯削速度过快或锯削摆动突然过大,使锯齿受到猛烈撞击
锯齿过早磨损	(1)锯削速度太快,使锯条发热过度而加剧锯齿磨损; (2)锯削硬材料时,未加冷却润滑液; (3)锯削过硬材料
锯缝歪斜	(1)工件装夹时,锯缝线未与铅垂线方向一致; (2)锯条安装太松或与锯弓平面产生扭曲; (3)使用两面磨损不均匀的锯条; (4)锯削时压力太大而使锯条左右偏摆; (5)锯弓未扶正或用力歪斜,使锯条偏离锯缝中心平面

形 式	产 生 原 因
尺寸超差	(1)划线不正确; (2)锯缝歪斜过多,偏离划线范围
工件表面拉毛	起锯方法不对,把工件表面锯坏

三、锯削技能训练

1. 管材的锯削

锯削管材前,可在管材的表面上划出锯削位置线。锯削时必须把管材夹正。对于薄壁管材和精加工过的管材,如图 4-10(a)所示,应夹在带有 V 形槽的两木块之间,以防将管材夹扁和夹坏表面。

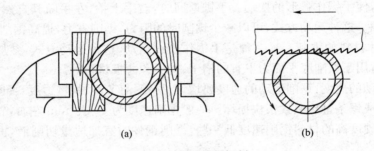

图 4-10　薄壁管材锯削
(a)管材的夹持方法;(b)管材转位锯割

锯削薄壁管材时不可在一个方向从开始连续锯削到结束,否则锯齿易被管壁钩住而崩裂。正确的方法如图 4-10(b)所示,先在一个方向锯到管子内壁处,锯穿为止,然后把管子向推锯方向转过一定角度,并连接原锯缝再锯到管子的内壁处,如此不断转锯,直到锯断为止。

2. 板料锯削

锯削薄板材时,板材容易产生颤动、变形或将锯齿钩住等,因此,一般采用图 4-11(a)中的方法,将板材夹在虎钳中,手锯靠近钳口,用斜推锯法进行锯削,使锯条与薄板接触的齿数多一些,避免钩齿现象产生。也可将薄板夹在两木板中间,如图 4-11(b)所示,再夹入台虎钳中,同时锯削木板和薄板,这样增加了薄板的刚性,不易产生颤动或钩齿。

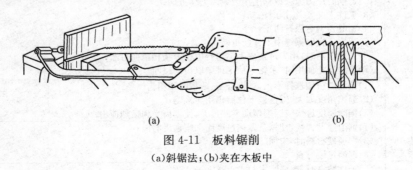

图 4-11　板料锯削
(a)斜锯法;(b)夹在木板中

3. 深缝锯削

深缝锯削经常出现锯缝深度大于锯弓高度的情况,见图 4-12(a)。此时,可将锯条转过90°再重新安装,使锯弓在工件的外侧,见图 4-12(b)或将锯弓转过 180°,锯弓放置在工件底部,然后再安装锯条,继续进行锯削,见图 4-12(c)。

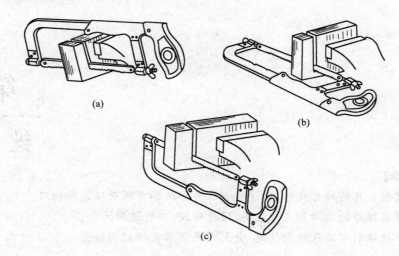

(a)

(b)

(c)

图 4-12 深缝锯削

(a)锯缝深度大于锯弓高度;(b)锯条转 90°;(c)锯弓转 180°

思 考 题

1. 安装手锯条有哪些要领?

2. 什么是锯条的锯路? 不同的锯路对锯削有何影响?

3. 常用锯齿的前角、后角和楔角的数值各是多少?

4. 简述锯削要领。

5. 手工锯切时,如何做到既快又好?

6. 锯条锯齿粗细如何表示? 如何根据不同的加工对象来选择锯条的粗细?

7. 锯削管子和薄板材料时为什么容易崩齿?

8. 工件将要锯断时,要注意哪些问题?

第五章

锉 削

【学习目标】

1. 熟悉锉削工具的种类及应用,能根据工件形状和要求正确选用锉刀。

2. 了解常用锉刀的结构和尺寸数据,懂得锉纹,知晓适用场合。

3. 初步掌握锉削方法及锉削技能,会用量具正确检验锉削质量。

第一节　锉削基础知识

用锉刀对工件进行切削加工的操作称为锉削。锉削是钳工基本操作的重要内容之一。锉削的范围很广,可以加工平面、曲面、外表面、内孔、沟槽及各种形状复杂的表面。它广泛用于装配过程中个别零件的修理、修整,小批量生产条件下某些复杂形状的零件加工,以及样板、模具等的加工。

锉削加工精度可达 0.01 mm 左右,表面粗糙度可达 $R_a=0.8$ μm。在现代化生产条件下,一些不便于机械加工的场合仍需采用锉削加工来完成。

一、锉刀的构造

锉刀是用碳素工具钢经热处理后,再将工作部分淬火制成的。锉齿硬度可达 62～72HRC。

1. 锉刀的结构

锉刀的结构如图 5-1 所示,主要由锉身和锉刀柄两部分组成。

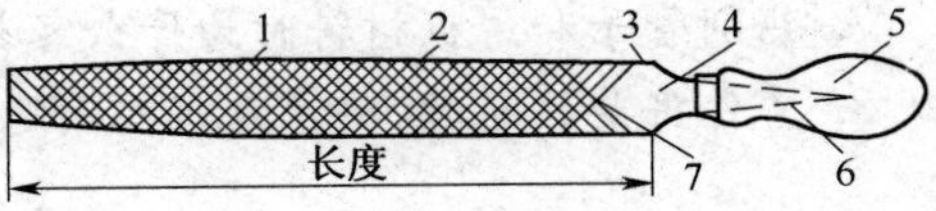

锉身是锉刀的工作部分,它又由锉刀面、锉刀边、锉刀尾和锉刀舌等部分组成。

锉刀面是锉刀的主要工作面,在该面上经铣齿

图 5-1　锉刀结构

1—锉刀面;2—锉刀边;3—底齿纹;4—锉刀尾;
5—锉刀柄;6—锉刀舌;7—面齿纹

或剁齿后形成许多小楔形刀头,称为锉齿,锉齿经热处理淬硬后,能锉削硬度高的钢材。

锉刀边是指锉刀的两个侧面,锉刀的两个边一般做成一侧有齿,另一侧无齿。有齿侧称有齿边,无齿侧称光边,光边在锉削内直角面时不会碰伤另一相邻的面。

锉刀尾是指没齿的一端,它跟锉刀舌相连;锉刀舌用来安装锉刀柄,它是非工作部分,没有淬火。

2. 锉齿与锉纹

锉齿在锉刀面上的排列形式可分成单齿纹和双齿纹两种。

(1)单齿纹　如图 5-2(a)所示,单齿纹的锉齿按一个方向排列,工作时,锉刀全齿宽参加锉

削,需较大的切削力,而且齿距较大,有足够的容屑空间,不会被切屑塞住,适合锉削铝、铜等软金属材料。单齿纹多为铣削而成。

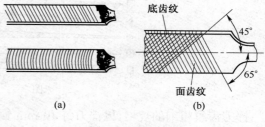

(2)双齿纹　如图 5-2(b)所示,双齿纹的锉齿按两个方向排列,双齿纹是先制成的一排较浅的齿纹称底齿纹,后制成的较深的齿纹称为面齿纹。齿纹与锉刀中心线的夹角叫齿角,面齿角为 65°,底齿角为 45°。由于面齿纹和底齿纹的方向和角度不一样,锉齿沿锉刀中心线方向成倾斜和有规律排列,可以使锉痕交错而不重叠,锉削出的表面光滑平整,不会产生沟痕。双齿纹锉刀锉削时切屑易碎,锉削省力,且锉齿强度高,适合加工较硬的材料。

图 5-2　锉纹结构
(a)单齿纹;(b)双齿纹

面齿纹在锉削中起主要切削作用,故又称主锉纹,底齿纹在锉削时主要起分屑作用,故又称辅锉纹。

二、锉刀的种类和规格

1. 锉刀的种类

锉刀的种类很多,按其用途的不同可分为普通锉刀、特种锉刀和整形锉刀三种。

(1)普通锉刀　普通锉刀如图 5-3 所示,按其断面形状分为平锉、方锉、圆锉、三角锉和半圆锉等五种。按其齿纹的粗细分为粗齿、中齿、细齿、双细齿、油光锉五种。

(2)特种锉刀　特种锉刀用于加工零件上形状特殊的表面,其断面形状如图 5-4 所示,常见的断面形状有刀口锉、菱形锉、扁三角锉、椭圆锉和圆肚锉五种。这类锉刀常用于锉削各种沟槽或内孔。

(3)整形锉刀　整形锉刀又称组锉刀,适用于修整精密模具或小型工件上难以机械加工的部位。常见的整形锉外形如图 5-5 所示,通常是每 5 把、6 把、8 把、10 把或 12 把为一组。

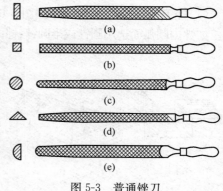

图 5-3　普通锉刀

2. 锉刀的规格

锉刀的规格分为尺寸规格和锉刀齿纹的粗细规格两种。

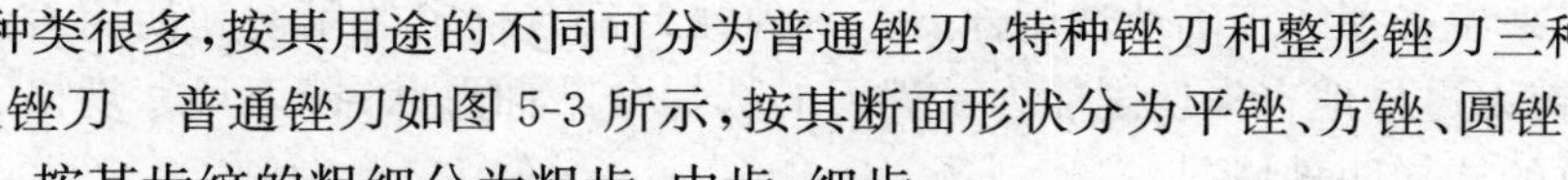

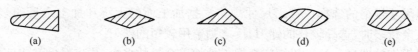

图 5-4　特种锉刀
(a)刀口锉;(b)菱形锉;(c)扁三角锉;(d)椭圆锉;(e)圆肚锉

(1)锉刀的尺寸规格

不同的锉刀用不同的参数表示。圆锉刀的尺寸以锉刀的直径表示;方锉刀的尺寸以其方形断面尺寸表示;平锉刀的尺寸以锉身的长度表示。

锉刀的长度规格有 100 mm、150 mm、250 mm、300 mm 等几种。

(2)锉刀齿纹粗细的规格

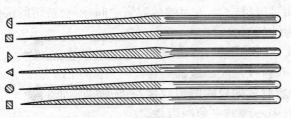

图 5-5　整形锉刀

锉刀齿纹粗细的规格,以锉刀每 10 mm 轴向长度内的主锉纹条数来表示。按锉刀齿纹粗细的规格不同分 5 个号,其中 1 号锉纹最粗、齿距最大,5 号锉纹最细、齿距最小。

锉刀齿纹粗细规格号表示如下:

1 号锉纹,称粗齿锉刀,每 10 mm 轴向长度内的主锉纹条数为 5~14;

2 号锉纹,称中粗锉刀,每 10 mm 轴向长度内的主锉纹条数为 8~20;

3 号锉纹,称细齿锉刀,每 10 mm 轴向长度内的主锉纹条数为 11~28;

4 号锉纹,称双细锉刀,每 10 mm 轴向长度内的主锉纹条数为 20~40;

5 号锉纹,称油光锉刀,每 10 mm 轴向长度内的主锉纹条数为 32~56。

3. 锉刀的选择

对于钳工来说必须能正确地选用锉刀。每种锉刀都有一定的用途和使用寿命,如果选择不当,就会使锉刀过早地丧失切削能力。锉刀的选择分断面形状、锉刀尺寸规格、锉刀齿纹粗细和锉刀齿纹的选择四种情况。

(1)锉刀断面形状的选择　如图 5-6 所示,锉刀断面形状应根据工件加工表面的形状来选择。如锉内圆弧面选用圆锉或半圆锉;锉内角表面选用三角锉;锉内直角表面选用扁锉或方锉等。

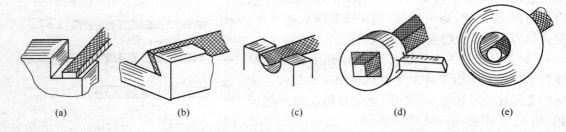

| (a) | (b) | (c) | (d) | (e) |

图 5-6　根据工表面形状选择锉刀断面
(a)扁锉;(b)三角锉;(c)半圆锉;(d)方锉;(e)圆锉

(2)锉刀尺寸规格的选择　锉刀尺寸规格根据加工面的大小和加工余量的多少来选择。加工面较大、余量多时,选择较长的锉刀,反之则选用较短的锉刀。

(3)锉齿粗细的选择　锉齿粗细应根据工件加工余量的多少、加工精度和表面粗糙度要求的高低、工件材料的软硬来选择。一般材料软、余量大、精度和粗糙度要求低的工件选用粗齿,反之选细齿。

(4)锉刀齿纹的选择　锉刀齿纹要根据被锉削工件材料的性质来选用。锉削铝、铜、软钢等软材料工件时,最好选用单齿纹锉刀。锉削硬材料或精加工工件时,要选用双齿纹锉刀。

4. 锉刀柄的安装

锉刀柄的安装如图 5-7 所示,装锉刀柄前,应先检查木柄头上的铁箍是否脱落,防止锉刀舌插入后松动或裂开;检查木柄孔的深度和直径是否过大或过小,手柄表面不能有裂纹或毛刺,防止锉削时伤手。

5.锉刀的维护保养

正确使用和保养锉刀,能延长锉刀的使用寿命,提高工作效率,降低生产成本。

锉刀的维护保养应注意以下几点:

(1)新锉刀要先使用一面,用钝后再使用另一面;应充分使用锉刀的有效全长,避免锉齿局部磨损;不可锉毛坯件的硬皮及经过淬硬的工件。

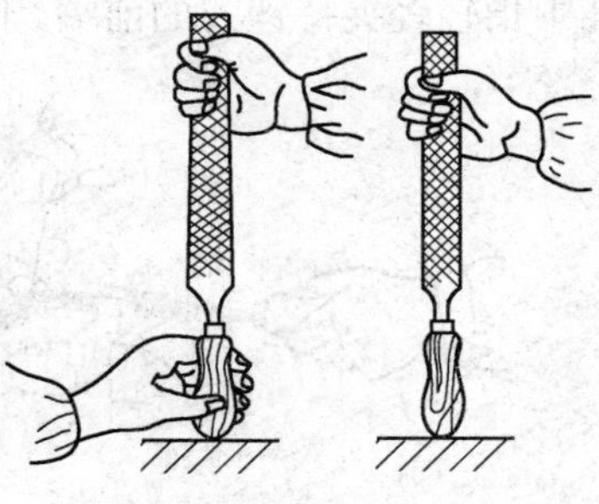

(2)锉刀上不可沾油和沾水。沾水后锉刀易生锈,沾油后

图 5-7 锉刀柄的安装

锉刀锉削时易打滑。切屑嵌入齿缝内必须及时用铜丝刷沿着锉齿的纹路方向进行清除,以免切屑刮伤已加工面;锉刀使用完毕必须清刷干净,以免生锈。

(3)锉刀放置时避免与其他金属硬物相碰,也不能把锉刀重叠堆放,以免锉纹损伤。

(4)不能把锉刀当作装拆、敲击或撬物的工具,防止锉刀折断造成损伤。

第二节　锉削技能实训

一、锉削要领

1.工件的装夹

(1)工件应尽量夹在台虎钳的中间,伸出部分不能太高,防止锉削时工件产生震动,特别是薄形工件。

(2)工件夹持要牢固,但也不能使工件变形。

(3)对几何形状特殊的工件,夹持时要加衬垫,如圆形工件要衬 V 形块或弧形木块。

(4)对已加工表面或精密工件,夹持时要加软钳口,并保持钳口清洁。

2.锉刀的握法

锉刀握法的正确与否,对锉削质量、锉削力量的发挥及疲劳程度都有一定的影响。由于锉刀的形状和大小不同,锉刀的握法也不同。

(1)大型锉刀的握法

大型锉刀的握法如图 5-8(a)所示。右手紧握锉刀柄,柄端抵在拇指根部的手掌上,大拇指放在锉刀柄上面,其余手指由下向上紧握。

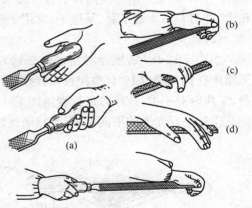

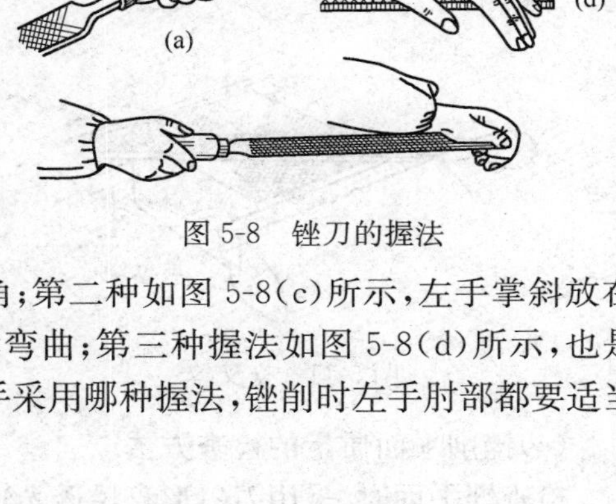

图 5-8　锉刀的握法

左手的握法有三种:第一种如图 5-8(b)所示,左手掌放在锉刀面的前端,拇指根轻压在头上,其余四指自然弯曲,用食指和中指勾压住锉刀前端右角;第二种如图 5-8(c)所示,左手掌斜放在锉刀面的前端,拇指斜放在锉刀面上,其余各指自然弯曲;第三种握法如图 5-8(d)所示,也是左手掌放在锉刀面前端,各指都自然放平。无论左手采用哪种握法,锉削时左手肘部都要适当抬起,不要下垂。

(2)中型锉刀的握法

中型锉刀的右手握法与大型锉刀的握法相同,左手的握法如图 5-9(a)所示,用拇指、食指和中指轻轻夹持锉刀的前端,不用施加大的压力即可。

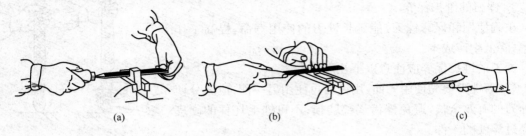

图 5-9　中小型锉刀的握法

(3)小锉刀的握法

小锉刀的握法同大、中型锉刀的握法不同,如图 5-9(b)、(c)所示,只需用左手指压在锉刀中部,即可控制锉削时压力大小。而组锉只需用右手握持住,食指轻压在锉刀上面即可。

二、基本锉削方法

1. 平面锉削方法

平面锉削最常用的方法有顺向锉、交叉锉和推锉三种。

(1)顺向锉

如图 5-10 所示,锉削时锉刀运动方向与工件夹持方向始终一致,在每锉完一次返回时,将锉刀横向适当移动,再作下一次锉削。这种锉削方法锉纹均匀一致,是最基本的一种锉削方法,常用于精锉。

(2)交叉锉

如图 5-11 所示,锉削时锉刀运动方向与工件夹待方向约呈 30°～40°夹角。这种锉削方法锉纹交叉,锉刀与工件接触面积大,锉刀容易掌握平稳,易锉平,常用于粗加工。

(3)推锉

如图 5-12 所示,推锉时双手握在锉刀的两端,左、右手大拇指压在锉刀的边上,自然伸直,其余四指向手心弯曲,握紧锉身,工作时双手推、拉锉刀进行锉削加工。推锉的切削量很小,能获得较平且光滑的平面,适用于锉削狭长平面或精加工。

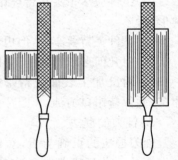

图 5-10　顺向锉

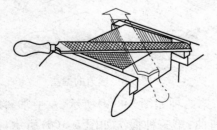

图 5-11　交叉锉

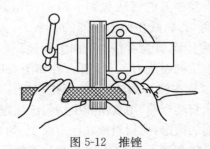

图 5-12　推锉

(4)锉削平面质量的检查方法

检查锉平面时,采用刀口形直尺透光法进行检查,如图 5-13(a)所示,将刀口形直尺垂直放在工件待检查的表面上,对着亮光,观察刀口形直尺与工件表面间的缝隙,若有均匀、微弱的光线透过,则平面平直;若光缝不均匀,说明平面不直。

检查有一定宽度的平面时,可以用平尺和塞尺联合使用,具体操作方法如图 5-13(b)所示,将平尺直接放在待检查平面的纵、横及交叉位置上,用塞尺的某一片试塞入平尺与工件表面的结合处检查。如用 0.1 mm 塞片可塞入,而 0.12 mm 的塞片塞不进,则该平面的平面度误差为 0.1 mm。

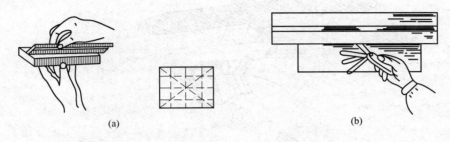

(a) (b)

图 5-13　锉削平面的检查
(a)透光法检查;(b)用塞尺检查

检查平面时还应注意以下两点:

①刀口形直尺在待检查的表面上欲要改变位置时,一定要抬起刀口形直尺,使其离开工件表面,然后移到另外位置轻轻放下。严禁刀口形直尺在工件表面上推拉移位,以免损坏刀口形直尺的精度。

②用塞尺检查平面精度时,塞片要在多个位置上检查,取其中最大的数值为平面度误差。

2. 曲面锉削方法

(1)外圆弧面的锉削方法

锉削外圆弧面一般选用扁锉。锉削时,手握锉刀,要同时完成两个运动,即锉刀推进的锉削运动和形成圆弧的转动,这两个运动要相互协调,速度要均匀,才能保证加工出光整、圆滑的圆弧,否则极易出现多棱角、凹凸不圆等现象。

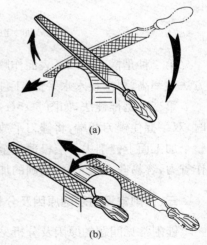

锉削外圆弧的方法有两种:一是沿着圆弧面的方向锉削,如图 5-14(a)所示,锉削时,右手向前推进锉刀的同时再对锉刀施加向下的压力,左手捏着锉刀的另一端随着向前运动并向上提,使锉刀沿着圆弧表面一边向前推,同时又做圆弧运动,锉削出一个圆滑的外圆弧面。这种锉削方法,锉刀运动复杂,难以掌握,锉削量很少,效率低,适用于精加工圆弧。

(a)

(b)

图 5-14　外圆弧面锉削方法
(a)沿着圆弧面锉削;(b)横着圆弧面锉削

另一种是横着圆弧面锉削,如图 5-14(b)所示,锉削时,锉刀横着圆弧面只作直线运动,不作圆弧摆动。这种锉削方法的实质是锉刀在圆弧面上作顺向锉削,加工出一个多棱形的近似圆弧面。这种锉削方法效率高,比较容易掌握,适用于圆弧的粗加工。

(2)内圆弧面的锉削方法

锉削内圆弧面时,采用锉刀的断面形状与加工内圆弧的曲率有关,锉削曲率较大(圆弧半径小)的内圆弧时,要选用圆锉刀;锉削曲率较小(圆弧半径大)的内圆弧面时,要选用半圆锉刀。锉削方法有三种：

第一种是锉刀要同时完成三个运动，如图 5-15(a)所示，即锉刀的推进运动，沿着内圆弧面的左、右摆动，绕锉刀中心线的转动。这三个运动要协调配合，才能保证锉削出光滑、精确的内圆弧面。这种锉削方法要求技术水平较高，适用于精加工。

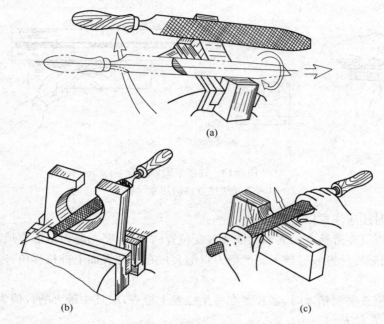

(a)

(b)　　　　　　　　　　　　　　(c)

图 5-15　内圆弧面锉削方法
(a)同时完成三个动作；(b)横着内圆弧面锉削；(c)推锉

第二种是横着内圆弧表面作顺向锉削，如图 5-15(b)所示，锉刀只作直线运动。这种锉削方法效率高，要求技术水平低，工件加工精度低，锉削后呈多棱边的内圆弧面。

第三种是推锉法，如图 5-15(c)所示，这种方法适用于较狭窄的内圆弧表面的加工。锉削时，双手握住锉刀两端，将锉刀平放在工件上，双手推动锉刀沿工件表面做曲线运动，在工件的整个加工面上锉削去一层极薄的金属。这种锉削方法，锉刀在工件上容易平衡，切削力小，操作省力，容易获得较光滑、精确的加工表面，适用于精加工。

三、锉削常见问题的原因及分析

锉削常见问题的原因及分析见表 5-1。

四、锉削技能训练

1. 长方体锉削

（1）准备工作

长方体锉削图纸如图 5-16 所示。

工具准备：300 mm 粗齿扁锉、250 mm 中齿扁锉、铜刷等。

量具准备：钢板尺、刀口角尺、游标卡尺等。

材料准备：HT150　82 mm×62 mm×22 mm 一块。

表 5-1 锉削常见问题的原因及分析

形 式	产 生 原 因	预 防 方 法
工件夹坏	(1)已加工表面被台钳钳口夹出伤痕; (2)夹紧力太大,使空心工件被夹扁	(1)夹持精加工表面应用软钳口; (2)夹紧力要适当,夹持应用 V 形块或弧形木块
尺寸太小	(1)划线不正确; (2)未及时检测尺寸	(1)按图正确划线,并校对; (2)经常测量,做到心中有数
平面不平	(1)锉削姿势不正确; (2)选用中凹的锉刀,而使锉出的平面中凸	(1)加强锉削技能训练; (2)正确选用锉刀
表面粗糙 不光洁	(1)精加工时仍用粗齿锉刀锉削; (2)粗锉时锉痕太深,以致精锉无法去除; (3)切屑嵌入,未及时清除而将表面拉毛	(1)合理选用锉刀; (2)适当多留精锉余量; (3)及时去除切屑
不应锉的 部位被锉掉	(1)锉直角时未用光边锉刀; (2)锉刀打滑而锉坏相邻面	(1)选用光边锉刀; (2)注意清除油污等引起打滑的原因

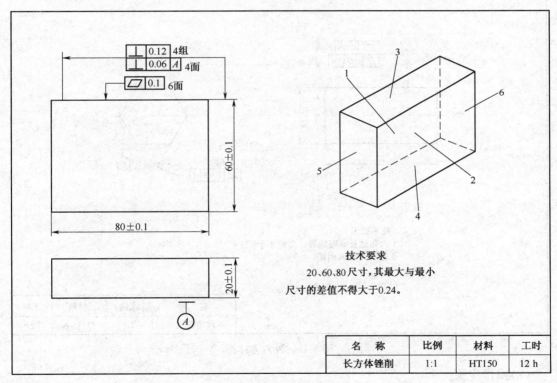

技术要求

20、60、80尺寸,其最大与最小
尺寸的差值不得大于0.24。

名 称	比例	材料	工时
长方体锉削	1:1	HT150	12 h

图 5-16 长方体图纸

(2)操作步骤

①检查来料尺寸是否符合要求;

②粗、精锉第一面(基准面 A),达到平面度 0.1 mm 和表面粗糙度 $R_a \leqslant 3.2\ \mu m$ 要求;

③粗、精锉第二面(基准面 A 的对面),达到(20±0.1)mm 尺寸要求及平面度、平行度、粗糙度等要求;

④粗、精锉第三面(基准面 A 的任一相邻侧面),达到平面度、垂直度及粗糙度等要求;

⑤粗、精锉第四面(第三面的对面),达到(60±0.1)mm 尺寸、平面度、垂直度、平行度及粗糙度等要求;

⑥粗、精锉第五面(基准面 A 的任一相邻端面),达到平面度、垂直度及粗糙度等要求。

⑦粗、精锉第六面（第五面的对面），达到（80±0.1）mm 尺寸、平面度、垂直度、平行度及粗糙度等要求；

⑧全面检查并做必要的修整，锐边倒钝去毛刺。

2. 外六方锉削

（1）准备工作

外六方体锉削图纸如图 5-17 所示。

工具准备：300 mm 粗齿扁锉、250 mm 中齿扁锉、软钳口衬垫、铜刷和涂料等。

量具准备：角度样板、钢板尺、刀口角尺、游标卡尺、万能角度尺、常用划线工具等。

材料准备：35 圆钢，尺寸为 φ35 mm×60 mm 一件。

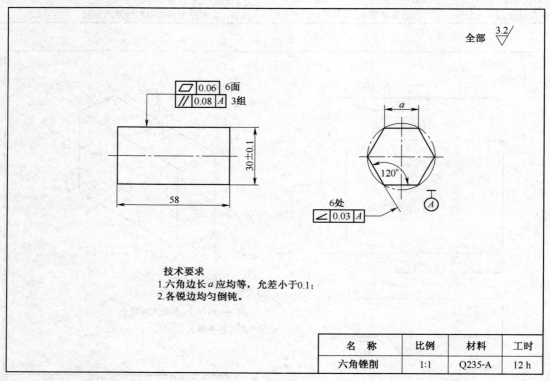

图 5-17　外六方体图

（2）操作步骤

外六方体加工过程如图 5-18 所示。

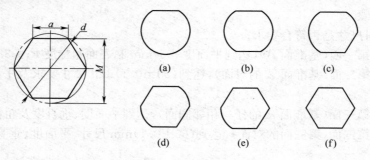

图 5-18　外六方体加工过程

①测量圆料直径尺寸 d,锉平端面,涂料后正确划出圆内六方线;

②如图 5-17(a)所示,锉第一面时,尺寸误差在±0.02 mm 之内,要保证该面与外圆母线平行,距离 M 为

$$M=d-\frac{d-30}{2}=\frac{d+30}{2} \quad (mm)$$

③以锉好的面为基准,如图 5-17(b)所示,按尺寸划线锉对面,两面要平行,尺寸误差在±0.02 mm 之内。

④锉第三面,如图 5-17(c)所示,以第一面为基准,用 120°角度样板做检查,要求角度准确,并与外圆平行,尺寸误差在±0.02 mm 之内。

⑤以锉好的第三面为基准,如图 5-17(d)所示,按尺寸划线锉对面,两面要平行,尺寸误差在±0.02 mm 之内。

⑥以第一面为基准,如图 5-17(e)所示,锉第五面,用 120°角度样板做检查,要求角度准确,并与外圆平行,尺寸误差在±0.02 mm 之内。

⑦锉最后一面时,如图 5-17(f)所示,以锉好的第五面为基准,两面要平行,尺寸误差在±0.02 mm 之内。

⑧用 120°角度样板全面检查修正,精锉各表面,倒棱并去毛刺。

思　考　题

1. 锉刀的种类有哪些?
2. 如何根据加工对象正确地选择锉刀?
3. 锉刀的粗细规格用什么表示? 锉刀的尺寸规格如何表示?
4. 锉削平面和曲面的操作要点各有哪些?
5. 锉刀为什么可以锉出光洁的表面?
6. 怎样正确使用和保养锉刀?
7. 如何检查平面的平面度?
8. 工件表面锉不平的原因有哪些?

第六章

钻孔及铰孔

【学习目标】

1. 了解钻削设备的种类、工作原理及适用场合，能初步使用这类设备进行钻孔操作，熟悉操作规程。

2. 了解钻头的构造与钻削原理，知晓不同工况下应用钻头的形状，会磨削简单形状的麻花钻的钻头。

3. 熟悉钻头直径与莫氏锥度钻柄的互配关系，能熟练地拆装钻头。

4. 了解铰刀的种类及结构特点，会简单地铰削用量分配，能进行铰孔的一般操作。

第一节　钻孔基础知识

用钻头在实体材料上加工孔的方法叫钻孔。由于钻孔时钻头处于半封闭状态，转速高、切削量大，排屑又很困难，因此钻孔时的加工精度不高，表面粗糙度一般为 $R_a = 50 \sim 12.5 \ \mu m$，常用于加工要求不高的孔或作为孔的粗加工。

钻孔是钻头与工件做相对运动来完成钻削加工的。在钻床上钻孔时，如图 6-1 所示，工件固定在工作台上，钻头安装在钻床的主轴孔中，主轴带动钻头做旋转运动并轴向移动进行钻削。钻床主轴的旋转运动称为主运动，主轴的轴向移动称为进给运动。

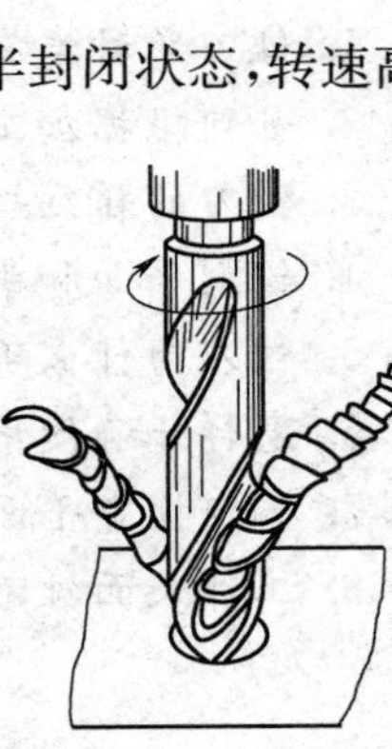

一、常用钻床

常用钻床有台式钻床、立式钻床和摇臂钻床等。

1. 台式钻床

台式钻床简称台钻，是一种安放在作业台上、主轴垂直布置的小型钻床，最大钻孔直径为 13 mm，结构如图 6-2 所示。

图 6-1　钻孔

台钻由机头、电动机、塔式带轮、立柱、回转工作台和底座等组成。电动机和机头上分别装有五级塔式带轮，通过改变 V 形带在两个塔式带轮中的位置，可使主轴获得五种转速，机头与电动机连为一体，可沿立柱上下移动，根据钻孔工件的高度，将机头调整到适当位置后，通过锁紧手柄使机头固定方能钻孔。回转工作台可沿立柱上下移动，或绕立柱轴线做水平转动，也可在水平面内做一定角度的转动，以便钻斜孔时使用。较大或较重的工件钻孔时，可将回转工作台转到一侧，直接将工件放在底座上，底座上有两条 T 形槽，用来装夹工件或固定夹具。在底座的四个角上有安装孔，用螺栓将其固定。

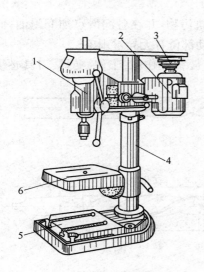

图 6-2 台式钻床
1—机头；2—电动机；3—塔式带轮；
4—立柱；5—底座；6—回转工作台

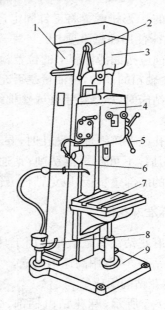

图 6-3 立式钻床
1—电动机；2—变速手柄；3—主轴变速箱；
4—进给变速箱；5—进给手柄；6—立柱；
7—工作台；8—冷却系统；9—底座

2. 立式钻床

立式钻床简称立钻。如图 6-3 所示，主轴箱和工作台安置在立柱上，主轴垂直布置。立钻的刚性好、强度高、功率较大，最大钻孔直径有 25 mm、35 mm、40 mm 和 50 mm 等几种。立钻可用来进行钻孔、扩孔、镗孔、铰孔、攻螺纹等。

立钻由主轴变速箱、电动机、进给箱、立柱、工作台、底座和冷却系统等部分组成。电动机通过主轴变速箱驱动主轴旋转，改变变速手柄位置，可使主轴得到多种转速。通过进给变速箱，可使主轴得到多种进给速度。工作台上有 T 形槽，用来装夹工件或夹具。工作台能沿立柱导轨上下移动，根据钻孔工件的高度，适当调整工作台位置，然后通过压板、螺栓将其固定在立柱导轨上。底座用来安装和固定立钻，并设有油箱，为孔加工提供切削液，以保证较高的生产效率和孔的加工质量。

3. 摇臂钻床

如图 6-4 所示，摇臂钻床由摇臂、主轴箱、立柱、主电动机、工作台和底座等部分组成。主电动机旋转直接带动主轴变速箱中齿轮系，使主轴获得十几种转速和十几种进给速度，可实现机动进给、微量进给、定程切削和手动进给。主轴箱能在摇臂上左右移动，加工在同一平面上相互平行的孔系。摇臂在升降电动机驱动下，能够沿着立柱轴线随意升降，操作者可手拉摇臂绕立柱转 360°，根据工作台的位置，将其固定在适当角度。工作台面上有多条 T 形槽，用来安装中、小型工件或钻床夹具。当加工大型工件时，将方工作台移开，工件放在底座上加工，必要时可通

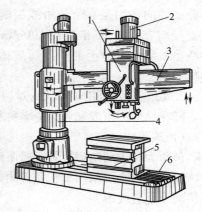

图 6-4 摇臂钻床
1—主轴箱；2—主电动机；3—摇臂；
4—立柱；5—方工作台；6—底座

过底座上的 T 形槽螺栓将工件固定,然后再进行孔系的加工。

4. 钻床使用注意事项

工作前应按润滑标牌上的位置检查导轨,清除导轨污物,并在各润滑点加润滑油;低速运转;检查主轴箱的油窗,看油量是否充足;并观察各传动部位有无异常现象。

操作钻床时,严禁戴手套或垫棉纱工作;留长发者要戴工作帽;工件、夹具、刀具必须装夹牢固、可靠。

钻深孔或在铸铁件上钻孔时,要经常退刀,排除切屑,不可超规范钻削;钻通孔时,要在工件的底部垫垫板,以免钻伤工作台。

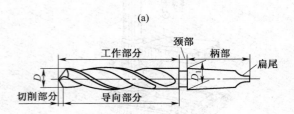

二、标准麻花钻

标准麻花钻钻头是钻孔常用工具,简称麻花钻或钻头,一般用高速钢制成。

1. 麻花钻的组成

如图 6-5 所示,麻花钻由柄部、颈部和工作部分组成。

图 6-5　麻花钻
(a) 直柄式钻头;(b)锥柄式钻头

(1)柄部

柄部是麻花钻的夹持部分,其作用是定心和传递扭矩。它有锥柄和直柄两种。

一般钻头直径小于 13 mm 的制成直柄,如图 6-5(a)所示;大于 13 mm 的制成莫氏锥柄,如图 6-5(b)所示。为防止锥柄在锥孔内产生打滑现象,锥柄的尾部制成扁尾形,既增加了传递力矩,又便于钻头从主轴孔或钻套中退出。

(2)颈部

颈部的作用是在磨削钻头时作退刀槽使用,一般也在这个部位刻印钻头的规格、材料牌号及商标等。

(3)工作部分

工作部分由切削部分和导向部分组成。切削部分起主要切削作用,它包括两条主切削刃和横刃。导向部分在钻孔时起引导钻头方向和修光孔的作用,同时也是切削部分的备磨部分。导向作用是靠两条沿螺旋槽高出 0.5~1 mm 的棱边(刃带)与孔壁接触来完成的,它的直径略有倒锥,倒锥量在 100 mm 长度内为 0.03~0.12 mm,其作用是减少钻头与孔壁间的摩擦。导向部分上的两条螺旋槽,用来形成主切削刃和前角,并起着排屑和输送冷却液的作用。

2. 切削部分的几何形状及对切削的影响

麻花钻头的角度和各部分名称见图 6-6 所示。

(1)顶角(2ϕ)

顶角为两主切削刃在其平行平面上的投影之间的夹角。

顶角的大小可根据加工条件由钻头刃磨时决定。标准麻花钻的顶角 2ϕ= 118°±2°,这时两切削刃呈直线形。

顶角大小影响主切削刃上轴向力的大小。顶角越小,轴向力越小,有利于散热和提高钻头耐用度。但顶角减小后,在相同条件下,钻头所受的扭矩增大,切屑变形加剧,排屑困难,影响冷却液的注入。

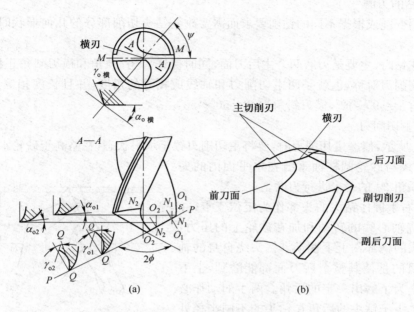

图 6-6　麻花钻的几何形状

(a)麻花钻的角度;(b) 麻花钻各部分名称

(2)螺旋角(ω)

螺旋角为螺旋槽上最外缘的螺旋线展开成直线后与钻头轴线的夹角。在钻头不同半径处,螺旋角的大小不相等,自外缘向中心逐渐减小。标准麻花钻 $\omega=18°\sim30°$,直径越小,ω 越小。

(3)前角(γ)

前角为主切削刃上任一点的前刀面与基面在主截面上投影的夹角。前角的大小与螺旋角、顶角等有关,而影响最大的是螺旋角,螺旋角越大,前角也就越大。在整个主切削刃上,前角的大小是变化的,越靠近外缘处,前角越大,$\gamma=25°\sim30°$,靠近钻头中心 $D/3$ 的范围内为负值。如接近横刃处的前角 $\gamma=-30°$,在横刃上的前角 $\gamma=-(54°\sim60°)$

前角大小决定着切削的难易程度和切屑在前刀面上的摩擦阻力大小。前角越大,切削越省力。但在钻削铜、铝等硬度较低、韧性较大的材料时,过大的前角易产生扎刀现象,反而会降低切削性能。

(4)后角(α)

后角是在圆柱截面内,主切削刃上任一点的切削平面与后刀面之间的夹角。主切削刃上各点的后角是不等的,外缘处后角最小,越近中心则越大。外缘处的后角按钻头直径大小分为:$D<15$ mm,$\alpha=10°\sim14°$;$D=15\sim30$ mm,$\alpha=9°\sim12°$;$D>30$ mm,$\alpha=8°\sim11°$。

钻心处的后角 $\alpha=20°\sim26°$,横刃处的后角 $\alpha=30°\sim36°$。

后角越小,钻头后刀面与工件切削表面间的摩擦越严重,切削强度越高。因此钻硬材料时,后角可适当小些,以保证刀刃强度;钻软材料时,后角可稍大一些,以使钻削省力。

(5)横刃斜角(Ψ)

横刃斜角是在垂直于钻头轴线的端面投影中,横刃和主切削刃所夹的锐角称为横刃斜角。它的大小与后角的大小密切相关。后角大时,横刃斜角相应减小,横刃变长,轴向阻力增大,钻削时不易定心。标准麻花钻的横刃斜角 $\Psi=50°\sim55°$。

3. 麻花钻的刃磨

钻头使用变钝或根据不同的钻削要求而需要改变钻头切削部分的几何形状时,需要对钻头进行修磨。

刃磨麻花钻时,主要是刃磨两个主后刀面,同时保证后角、顶角和横刃斜角正确。刃磨后麻花钻两主切削刃对称,也就是两主切削刃和轴线成相等的角度,并且长度相等,顶角 $2\phi = 118°\pm2°$,后角 $\alpha = 9°\sim12°$,横刃斜角为 $\Psi = 50°\sim55°$。

(1)修磨主切削刃

如图 6-7 所示,修磨主切削刃时,要将主切削刃置于水平状态,在略高于砂轮水平中心平面,钻头轴心线与砂轮圆柱面素线在水平面内的夹角等于钻头顶角 2ϕ 的一半进行刃磨。

刃磨时,右手握住钻头的头部作为定位支点,并控制好钻头绕轴心线的转动和加在砂轮上的压力,左手握住钻头的柄部作上下摆动。钻头绕自身的轴心线转动的目的是使其整个后刀面都能磨到,上下摆动的目的是为了磨出一定的后角。两手的动作必须配合协调。由于钻头的后角在钻头的不同半径处是不相等的,所以摆动角度的大小要随后角的大小

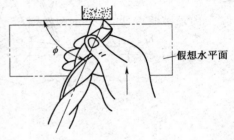

图 6-7　修磨主切削刃

而变化;一个主切削刃磨好后,将钻头绕其轴心线翻转 $180°$,刃磨另一主切削刃,使磨出的顶角 2ϕ 与轴心线保持对称。表 6-1 列出了钻削不同材料时顶角的数据,刃磨时可参照选取。

表 6-1　钻头顶角的选择

加工材料	顶角	加工材料	顶角
钢和铸铁	$116°\sim118°$	黄铜、青铜	$130°\sim140°$
钢锻件	$120°\sim125°$	紫铜	$125°\sim130°$
锰钢	$135°\sim150°$	铝合金	$90°\sim100°$
不锈钢		塑料	$80°\sim90°$

(2)修磨横刃

先使刃背接触砂轮,如图 6-8 所示,然后转动钻头磨至切削刃的前刃面,磨削量由大到小。同时控制内刃前角、内刃斜角和横刃宽度。修磨横刃的砂轮直径要小,砂轮圆角半径也应小一些,否则不易修磨好。

图 6-8　修磨横刃

图 6-9　修磨圆弧刃

（3）修磨圆弧刃

修磨时,切削刃水平放置,如图 6-9 所示,刃磨在砂轮中心平面上进行。钻头中心线与砂轮中心平面的夹角就是圆弧刃后角。刃磨时,钻头不能上下摆动或平移,但可做微量移动。刃磨时应控制圆弧半径、内刃顶角、横刃斜角、外刃长度和钻头高五个参数。

第二节　钻孔技能实训

一、钻孔方法

1. 钻头的装夹

用手电钻或台钻钻直径为 13 mm 以下的孔时,应选用直柄钻头。如图 6-10(a)所示,在钻夹头中夹持,钻头伸入钻夹头中的长度不小于 15 mm,通过钻夹头上的三个小孔用钻钥匙转动,将钻头夹紧或松开。

钻削直径为 13 mm 以上孔时,应选用柄部为外莫氏锥度的钻头,随钻头直径的增大,柄部的莫氏锥度号数也随之增大。较小的钻头不能直接与钻床主轴的内莫氏锥度相配合,必须选用相应的钻套与其联结起来才能进行钻孔。如图 6-10(b)所示,钻套共有 5 个号,其关系如下：

1 号钻套,内锥孔为莫氏 1 号锥度,外锥为莫氏 2 号锥度。

2 号钻套,内锥孔为莫氏 2 号锥度,外锥为莫氏 3 号锥度。

3 号钻套,内锥孔为莫氏 3 号锥度,外锥为莫氏 4 号锥度。

4 号钻套,内锥孔为莫氏 4 号锥度,外锥为莫氏 5 号锥度。

5 号钻套,内锥孔为莫氏 5 号锥度,外锥为莫氏 6 号锥度。

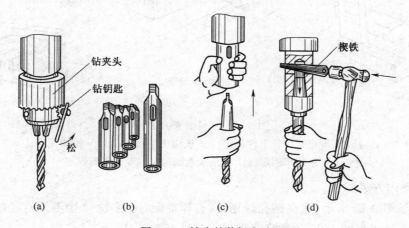

图 6-10　钻头的装卸方法

(a)用钻夹头装卸钻头；(b) 套钻；(c) 装钻头方法；(d) 卸钻头方法

在每个钻套的上端有一扁尾,套筒内腔和主轴锥孔上端均有一扁槽,钻头或钻套的扁尾沿主轴锥孔进入扁槽中,防止它们在主轴孔中转动,并传递转矩,使钻头顺利工作。扁尾的下部有一长椭圆槽。如图 6-10(c)所示,安装钻头或钻套时,将扁尾的厚度方向对准钻套或主轴上的椭圆槽宽度方向。拆卸时,如图 6-10(d)所示,楔铁的圆弧面放在上方,手握钻头,敲击楔铁大端,迫使钻头或钻套与主轴孔脱离。

钻头的装夹要求如下：

钻头、钻套、主轴装夹在一起前,必须分别擦干净,联结要牢固,必要时可用木板垫在工作台上,摇动操作手柄,使主轴携带钻头向木板上冲击两次,即可将钻头装夹牢固。严禁用锤子等硬物打击钻头装夹。钻头旋转时其径向圆跳动应尽量小。

2. 工件的装夹

钻孔时,工件的装夹方法应根据钻削孔径的大小及工件形状来决定。一般钻削直径小于8 mm 的孔时,可用手握牢工件进行钻孔;若工件较小,可用手虎钳夹持工件钻孔,见图 6-11(a);工件较长时,应在钻床台面上用螺钉靠紧,以防工件顺时针转动飞出,见图 6-11(b);在较平整、略大的工件上钻孔时,可夹持在机用虎钳上进行,见图 6-11(c);在圆柱表面上钻孔时,应将工件安放在 V 形块中固定,见图 6-11(d);若钻削力较大,可先将螺栓固定在机床工作台上,利用压板压牢工件,然后再钻孔,见图 6-11(e);另外根据工件的形状可以选用三爪自定心卡盘或专用工具等装夹进行钻孔,见图 6-11(f)、(g)。

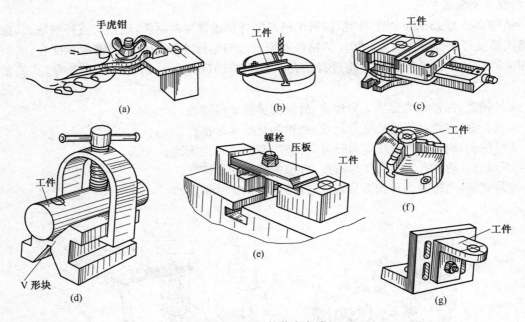

图 6-11　工件装夹方法
(a) 手虎钳固定;(b)长工件固定;(c) 机用虎钳固定;(d) V 形块固定;
(e) 压板压牢固定;(f) 三爪卡盘固定;(g)专用工具固定

3. 钻孔操作方法

钻孔前,如图 6-12 所示,先在钻孔处划线、打样冲眼,再划 1~3 个不同直径的同心圆,钻大孔时,可用小钻头预钻一孔,这样便于使钻尖落入预钻孔中,钻头不易偏离孔中心。钻孔时,钻头夹持要牢固、正确,要在相互垂直的两个铅垂面内观察,钻头轴心线应与孔中心线重合。为此,可先试钻一浅坑与所划圆比较,若不同心,应予以借正,靠移动工件或钻床主轴来解决。若偏太多,可以在借正方向上多打几个样冲眼,使之连成一个大冲孔,将原钻的浅坑借正过来;或用油槽錾在借正方向上錾几条窄槽,减少其切削阻力,则可达到借正的目的。

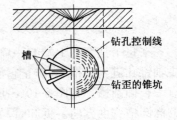

图 6-12　用油槽錾校正
起钻偏位的孔

借正工作必须在锥坑外围小于钻孔直径前进行，否则借正十分困难。当试钻达到同心要求后，可把钻床主轴与工件固定，进行钻孔。孔将钻穿时，钻头切削刃会被孔底剩余部分材料咬住，工件会产生很大的扭力，会随着钻头旋转，因此，这时的进给量应减小。如果是机动进给，应改为手动进给，以免折断钻头或破坏孔的加工质量。

图 6-13(a)为在轴类或套类零件圆柱表面上钻孔的方法，要求孔中心线与轴中心线垂直且相交。钻孔前用专用定心工具、百分表找正，确定 V 形块的位置，使 V 形槽的对称平面与钻床主轴中心线重合，然后将工件放在 V 形块中，用宽座角尺按工件端面中心线找正并固定之，最后进行试钻和钻孔。

图 6-13(b)是在斜面上钻孔的方法。在斜面上钻孔时，钻头处于单切削刃切削状态，在径向分力的作用下，钻头势必产生偏斜、滑移，无法继续进行钻削，即使勉强钻进工件中去，孔中心线也会歪斜，孔径尺寸及形位精度极低。为此，应先在待钻孔的部位铣一小平面，然后在这个小平面上划线、打样冲眼、试钻、钻孔，对精度要求不高的孔，可用錾子錾一小平面进行钻孔。

图 6-13(c)为在工件上钻半圆孔或钻骑缝螺纹底孔的方法。钻半圆孔时，可以将相同的零件对在一起，夹固或用点焊法焊为一体进行钻孔，结束后用錾子从点焊处錾开，即完成半圆孔的加工。钻半圆孔时，应尽量选用短些的钻头，以增加其刚性和强度，钻头横刃要磨短，以加强其定心作用，改善切削条件。

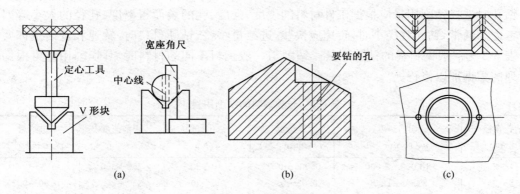

图 6-13 钻孔方法
(a) 在圆柱面上钻孔；(b) 在斜面上钻孔；(c) 钻半圆孔或骑缝螺纹底孔

钻小孔或深孔时，进给量要小，并经常退出钻头排屑。一般钻孔深度达直径的 3 倍时，一定要退出钻头排屑，以免切屑阻塞而扭断钻头。

4. 钻孔时的安全注意事项

(1)钻孔前检查钻床的润滑、调速是否良好，工作台面清洁干净，不准放置刀具、量具等物品。

(2)操作钻床时不可戴手套，袖口必须扎紧，女生戴好工作帽。

(3)工件必须夹紧牢固。

(4)开动钻床前，应检查钻钥匙或斜铁是否插在钻轴上。

(5)操作者的头部不能太靠近旋转的钻床主轴，停车时应让主轴自然停止，不能用手刹住，也不能反转制动。

(6)钻孔时不能用手和棉纱或用嘴吹来清除切屑，必须用刷子清除，长切屑或切屑绕在钻头上要用钩子钩去或停车清除。

（7）严禁在开车状态下装拆工件和检验工件；变速须在停车状态下完成。

（8）清洁钻床或加注润滑油时，必须切断电源。

二、钻削用量和切削液的选择

1. 钻削用量的选择

钻削用量是指钻削过程中的切削速度、进给量和切削深度。合理选择钻削用量，可提高钻孔精度、生产效率，并能防止机床过载或损坏。

（1）切削速度 v。钻削时钻头切削刃上最大直径处的线速度。由下式计算：

$$v = \frac{\pi d n}{1000}$$

式中　　d——钻头直径，mm；

　　　　n——钻头的转速，r / min；

　　　　v——切削速度，m/min。

（2）进给量 f。钻头每转一转沿进给方向移动的距离，单位为 mm / r。

（3）切削深度 a_p。通常也称为背吃刀量，是指工件已加工表面与待加工表面之间的垂直距离。在实心材料上钻孔时切削深度等于钻头的半径，即 $a_p = d / 2$。

钻孔时选择钻削用量应根据工件材料的硬度、强度、孔的表面粗糙度、孔径的大小等因素综合考虑。通常，钻孔直径小时，转速应快些，进给量小些；钻硬材料时，转速和进给量都要小些。表 6-2 为一般钢材料的钻削用量。钻削与一般钢料不同的材料时，其切削用量可根据表中所列的数据加以修正。

表 6-2　一般钢料的钻削用量

钻孔直径 d/mm	切削速度 $v/(\text{r} \cdot \text{min}^{-1})$	进给量 $f/(\text{mm} \cdot \text{r}^{-1})$	钻孔直径 d/mm	切削速度 $v/(\text{r} \cdot \text{min}^{-1})$	进给量 $f/(\text{mm} \cdot \text{r}^{-1})$
1～2	10 000～2 000	0.005～0.02	10～20	750～350	0.3～0.50
2～3	2 000～1 500	0.02～0.05	20～30	350～250	0.60～0.75
3～5	1 500～1 000	0.05～0.15	30～40	250～200	0.75～0.85
5～10	1000～750	0.15～0.3	40～50	200～120	0.85～1

2. 钻孔时切削液的选择

钻头在钻削过程中，由于切屑的变形及钻头与工件摩擦所产生的切削热，会影响到钻头的切削能力和钻孔精度，发热严重时，会使钻头退火钻削无法进行。为了延长钻头的使用寿命、提高钻孔精度和生产效率，钻削时可根据工件的不同材料和不同的加工要求，选用各类切削液来冷却钻头，见表 6-3。

表 6-3　钻削不同材料选用的切削液

工件材料	切　削　液	工件材料	切　削　液
各类结构钢	3%～5%乳化液，7%硫化乳化液	铸铁	不用或用 5%～8%乳化液，煤油
不锈耐热钢	3%肥皂加 2%亚麻油水溶液，硫化切削油	铝合金	不用或用 5%～8%乳化液，煤油，煤油与柴油的混合油
铜	不用或用 5%～8%乳化液	有机玻璃	5%～8%乳化液，煤油

三、钻孔常见问题的形式及产生的原因

钻孔常见问题的形式及产生的原因见表 6-4。

表 6-4 钻孔常见问题的形式及产生的原因

形 式	产 生 原 因
孔径大于规定尺寸	(1)钻头两主切削刃长短不等,高度不一致; (2)钻头主轴摆动或工作台未锁紧; (3)钻头弯曲或在钻夹头中未装好,引起摆动
孔呈多棱形	(1)钻头后角太大; (2)钻头两主切削刃长短不等、角度不对称
孔位置偏移	(1)工件划线不正确或装夹不正确; (2)样冲眼中心不准; (3)钻头横刃太长,定心不稳; (4)起钻过偏没有纠正
孔壁粗糙	(1)钻头不锋利; (2)进给量太大; (3)切削液性能差或供给不足; (4)切屑堵塞螺旋槽
孔歪斜	(1)钻头与工件表面不垂直,钻床主轴与台面不垂直; (2)进给量过大,造成钻头弯曲; (3)工件安装时,安装接触面上的切屑等污物未及时清除; (4)工件装夹不牢,钻孔时产生歪斜,或工件有砂眼
钻头工作部分折断	(1)钻头已钝还在继续钻孔; (2)进给量太大; (3)未经常退屑使钻头在螺旋槽中阻塞; (4)孔将要钻穿时未减小进给量; (5)工件未夹紧,钻孔时有松动; (6)钻黄铜等软金属及薄板料时,钻头未修磨; (7)孔已歪斜还在继续钻
切削刃迅速磨损或碎裂	(1)切削速度太高; (2)钻头刃磨不适应工件材料的硬度; (3)工件有硬块或砂眼; (4)进给量太大; (5)切削液输入不足

四、钻孔技能训练——长方体钻孔

(1)准备工作

长方体钻孔图纸如图 6-14 所示。

工具准备:$\phi 7$ mm、$\phi 12$ mm 钻头、划针、样冲和台钻等。

量具准备:钢板尺、划规、游标卡尺等。

材料准备:HT150 80 mm×60 mm×20 mm 一块。

(2)操作步骤

①刃磨钻头,要求几何形状和角度正确。

②毛坯形状和尺寸检查,清理表面,涂色。

③按要求划钻孔加工线、打样冲眼。

④调整台钻达到要求。

⑤完成钻孔。

⑥检查工件质量。

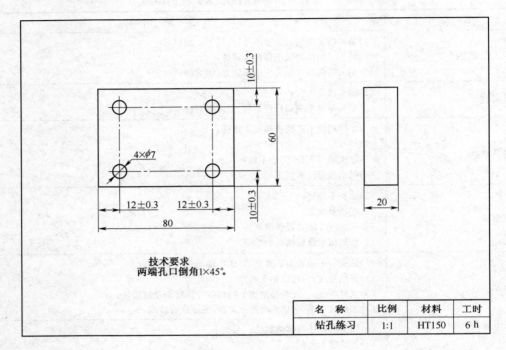

名　称	比例	材料	工时
钻孔练习	1:1	HT150	6 h

图 6-14　长方体钻孔

第三节　铰刀的构造类型及铰孔实训

用铰刀从工件孔壁上切除微量金属,以提高其尺寸精度和降低表面粗糙度的方法,称为铰孔。由于铰刀的刀齿数量多,导向性好,切削余量小,故切削阻力小,加工精度高,一般可达 IT9～IT7 级,表面粗糙度可达 $R_a = 1.6 \mu m$。

一、铰刀的种类及结构特点

铰刀的种类很多,钳工常用的有以下几种:

1. 整体圆柱铰刀

整体圆柱铰刀分机用和手用两种,其结构如图 6-15(a)、(b)所示,由工作部分、颈部和柄部三个部分组成。

(1)工作部分

工作部分可分为切削部分与校准部分,其主要结构参数有铰刀直径、切削锥角、切削部分的前角和后角及铰刀齿数、刀齿距分布等。

①铰刀直径　铰刀直径是铰刀最基本的结构参数,其精确程度直接影响铰孔的精度。标准孔直径系列下的铰刀,直径尺寸一般留有 0.005～0.02 mm 的研磨量,用于铰孔后的

研磨。

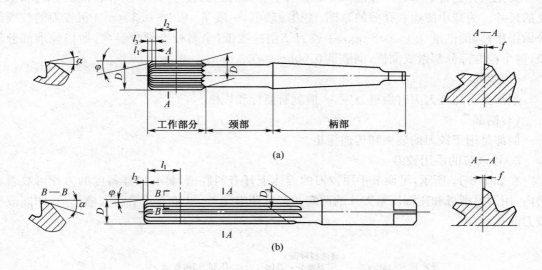

图 6-15　整体圆柱铰刀

（a）机用铰刀；（b）手用铰刀

②切削锥角（2ϕ）　切削锥角 2ϕ 决定铰刀切削部分的长度，对切削力的大小和铰削质量有较大影响。适当减小切削锥角 2ϕ，是获得较小表面粗糙度值的重要条件。一般手用铰刀的 $2\phi=1°\sim3°$，这样切削部分较长，定心作用好，铰削时轴向力较小。机用铰刀铰削钢及其他韧性材料的通孔时，$2\phi=30°$铰削铸铁及其他脆性材料的通孔时，$2\phi=6°\sim10°$。机用铰刀铰不通孔时，为了使铰出孔的曲柱部分尽量长，要采用 $2\phi=90°$的铰刀。

③切削角度　铰孔的切削余量很小，切屑变形也小，一般铰刀切削部分的前角 $\gamma=0°$，使铰削近于刮削，这样可以减小孔壁粗糙度。铰刀切削部分和校准部分的后角一般都磨成6°～8°。

④标准铰刀的齿数　铰刀直径 $D<20$ mm 时，$z=6\sim8$；$D>20\sim50$ mm 时，$z=8\sim12$。为便于测量铰刀的直径，铰刀齿数多取偶数。

⑤铰刀齿距分布　铰刀刀齿距在圆周上的分布，机用铰刀和手用铰刀是不同的，如图 6-16 所示，机用铰刀是均匀分布的，如图 6-16（a）所示，而手用铰刀则是不均匀分布的，如图 6-16（b）所示。

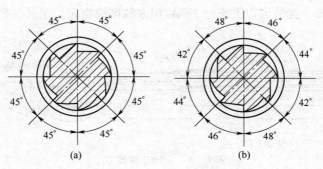

图 6-16　铰刀刀齿距在圆周上的分布

（a）机用铰刀均匀分布；（b）手用铰刀不均匀分布

铰刀的校准部分在切削部分的后边,校准部分的作用是导向、校准和修光孔壁,同时校准部分又是铰刀的备磨部分。校准部分的刀刃上有无后角的棱边,用来引导铰削的方向和修整孔的尺寸。为减小棱边和孔壁的摩擦,棱边应较窄,一般 $f=0.1\sim0.3$ mm。机铰刀的校准部分做得很短,倒锥量 $0.4\sim0.8$ mm,手铰刀切削速度低,全靠校准部分导向,所以校准部分较长,整个校准部分都做成倒锥,倒锥量 $0.005\sim0.008$ mm。

（2）颈部

颈部是为加工刀刃时供退刀用,一般刻有商标和规格。

（3）柄部

柄部是用于铰刀的装夹和传递扭矩。

2. 可调节的手用铰刀

在如图 6-17 所示,可调节手用铰刀的刀体上开有斜底槽,具有同样斜度的刀片可放置在槽内,用调整螺母和压圈压紧刀片的两端。调节调整螺母,可使刀片沿斜底槽移动,即能改变铰刀的直径。

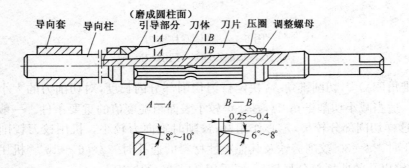

图 6-17　可调节的手用铰刀

可调节的手用铰刀主要用于铰削非标准孔,多用在单件生产和修配工作中。

3. 锥铰刀

锥铰刀用于铰削圆锥孔,常用的有以下几种:

（1）1∶10 锥铰刀　用来铰削联轴器上锥孔的铰刀。

（2）莫氏锥铰刀　其锥度近似于 1∶20(1∶20.4～1∶19)。用于铰削 0～6 号莫氏锥孔。

（3）1∶30 锥铰刀　用来铰削套式刀具上锥孔的铰刀。

（4）1∶50 锥铰刀　其结构如图 6-18 所示,用来铰削圆锥定位销孔的铰刀。

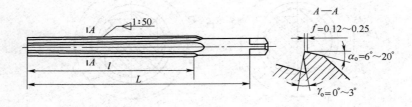

图 6-18　1∶50 锥铰刀

锥铰刀一般制成 2～3 把一套,如图 6-19 所示,其中一把是精铰刀,其余是粗铰刀。粗铰刀的刀刃上开有螺旋形分布的分屑槽,以减轻切削负荷。

在加工锥度较大的锥孔时,铰孔前在底板上应钻阶梯孔,如图 6-20 所示,阶梯孔的最小直径按锥度铰刀小端直径确定,并留有铰削余量,其余各段直径可根据锥度推算。

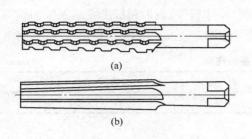

图 6-19　成套锥铰刀

(a) 粗铰刀;(b) 精铰刀

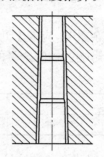

图 6-20　铰前钻成阶梯孔

4. 螺旋手用铰刀

螺旋手用铰刀的结构如图 6-21 所示,用这种铰刀铰孔时,铰削阻力沿圆周均匀分布,铰削平稳,铰出的孔光滑。特别是铰削有键槽孔时,螺旋手用铰刀的刀刃不会被键槽边钩住。因此,这类加工必须采用螺旋铰刀。为避免铰削时因铰刀的正向转动而产生自动旋进的现象,一般螺旋槽的方向应是左旋。

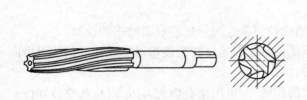

图 6-21　螺旋手用铰刀

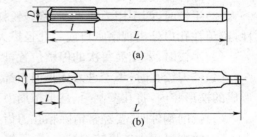

图 6-22　硬质合金机铰刀

(a) 直柄式;(b) 锥柄式

5. 硬质合金机用铰刀

硬质合金机用铰刀适用于高速铰削和铰削硬材料,其结构采用镶片式,目前,硬质合金铰刀刀片有 YG 类和 YT 类两种。YG 类适合铰铸铁类材料,YT 类适合铰钢类材料。

硬质合金机用铰刀有直柄和锥柄两种,直柄硬质合金机用铰刀结构如图 6-22(a)所示,直径有 6、7、8、9 mm 四种规格。按公差分一、二、三、四号,不经研磨可分别铰出 H7、H8、H9、H10 级的孔。锥柄的硬质合金机用铰刀结构如图 6-22(b)所示,直径范围为 10~28 mm,分一、二、三号,不经研磨可分别铰出 H9、H10、H11 级的孔。

二、铰削用量

铰削用量包括铰削余量、切削速度和进给量。

1. 铰削余量

铰削余量是指上道工序完成后留下的直径方向的加工余量。铰削余量不易过大,因为铰削余量过大,会使刀齿切削负荷增大,变形增大,切削热增加,被加工表面呈撕裂状态,致使尺寸精度降低,表面粗糙度值增大,同时加剧铰刀磨损。

铰削余量也不宜太小,否则,上道工序的残留变形难以纠正,原有刀痕不能去除,铰削质量达不到要求。

选择铰削余量时,应考虑到孔径大小、材料软硬、尺寸精度、表面粗糙度要求及铰刀类型等诸因素的综合影响。铰削余量的选择,可参考表 6-5 选取。

表 6-5　铰削余量的选择　　　　　　　　　　　　　　　　mm

铰孔直径	＜5	5~20	21~32	33~50	51~70
铰削余量	0.1~0.2	0.2~0.3	0.3	0.5	0.8

2. 机铰切削速度和进给量

过快的切削速度和进给量会使加工表面粗糙度值增大,产生刀瘤,严重时会热变形影响精度并加快铰刀磨损;切削速度和进给量过慢又会影响生产效率。因此,应采取正确的切削速度和进给量。

依据经验,用高速钢铰刀铰削工件时:

钢件铰孔,切削速度≤4~8 m/min,进给量≤0.3~0.8 mm/r;

铸铁件铰孔,切削速度≤6~8 m/min,进给量≤0.5~1 mm/r。

3. 铰削操作要点

(1)工件要夹正、夹牢,使操作时对铰刀的垂直方向有一个正确的视觉判断。

(2)手铰时,两手用力要平衡,旋转铰杠的速度要均匀,铰刀不得摇摆,以保持铰削的稳定性,避免在孔口处出现喇叭口或将孔径扩大。

(3)手铰时,要变换每次的停歇位置,以消除铰刀常在同一处停歇而造成的铰痕。

(4)铰刀铰孔时,不论进刀还是退刀都不能反转。因为反转会使切屑卡在孔壁和铰刀后面形成的楔形腔内,将孔壁刮毛,甚至挤崩刀刃。

(5)铰削钢件时,要经常清除粘在刀齿上的积屑,并可用油石修光刀刃,以免孔壁被划伤。

(6)铰削过程中如果铰刀被卡住,不能用力硬扳转铰刀,以防损坏铰刀,而应取出铰刀,清除切屑,检查铰刀,加注切削液。继续铰削时要缓慢进给,以防再次卡住。

(7)机铰时,工件应在一次装夹中进行钻、扩、铰,以保证铰刀中心与钻孔中心线一致。铰孔完成后,要待铰刀退出后再停车,以防将孔壁拉出痕迹。

三、铰孔时的冷却润滑

铰削时产生的切削碎屑极易黏附在刀刃、孔壁与铰刀之间,它会刮伤铰削表面,扩大孔径。因此,铰削时必须用适当的切削液冲掉切屑,减少摩擦,并降低工件和铰刀温度,防止产生刀瘤,减少铰刀磨损,延长铰刀寿命。切削液的选用参考表 6-6。

表 6-6　铰孔时的冷却润滑选择

加工材料	冷却润滑液	加工材料	冷却润滑液
钢	10%~20%乳化液 铰孔要求高时,采用 30%菜油加 70%肥皂水 铰孔的要求更高时,可用菜油、柴油等	铸铁	可不使用冷却润滑液 煤油会引起孔径缩小,最大缩小量达 0.02~0.04 mm 低浓度的乳化液
铝	煤油	铜	乳化液

四、铰孔常见问题的形式及产生的原因

铰孔常见问题的形式及产生的原因见表 6-7。

表 6-7 铰孔常见问题的形式及产生的原因

形　式	产　生　原　因
表面粗糙度达不到要求	(1)铰刀刃口不锋利或有崩刃,铰刀切削部分和校准部分粗糙; (2)切削刃上粘有积屑瘤或容屑槽内切屑黏结过多未清除; (3)铰削余量太大或太小; (4)铰刀退出时反转; (5)切削液不充足或选择不当; (6)手铰时,铰刀旋转不平稳; (7)铰刀偏摆过大
孔径扩大	(1)手铰时,铰刀偏摆过大; (2)机铰时,铰刀轴心线与工件孔的轴心线不重合; (3)铰刀未研磨,直径不符合要求; (4)进给量和铰削余量太大; (5)切削速度太高,使铰刀温度上升,直径增大
孔径缩小	(1)铰刀磨损后,尺寸变小继续使用; (2)铰削余量太大,引起孔弹性复原而使孔径缩小; (3)铰铸铁时加了煤油
孔呈多棱形	(1)铰削余量太大和铰刀切削刃不锋利,使铰刀发生"啃切",产生震动而呈多棱形; (2)钻孔不圆使铰刀发生弹跳; (3)机铰时,钻床主轴振摆太大
孔轴线不直	(1)预钻孔孔壁不直,铰削时未能使原有弯曲度得以纠正; (2)铰刀主偏角太大,导向不良,使铰削方向发生偏斜; (3)手铰时,两手用力不均

五、铰孔技能训练——平板铰孔

1. 准备工作

平板铰孔图及技术要求如图 6-23 所示。

工具准备:ϕ5.8 mm、ϕ7.8 mm、ϕ9.8 mm、ϕ12 mm 钻头,ϕ6H8、ϕ8H8、ϕ10H8 手工铰刀,ϕ6H8、ϕ8H8、ϕ10H8 塞规,铰刀用铰杠,划针,样冲,台式钻等。

量具准备:钢板尺、划规、游标卡尺、高度划线尺等。

材料准备:HT150　80 mm×60 mm×20 mm 一块。

2. 操作步骤

(1)毛坯形状和尺寸检查,清理表面,涂色。

(2)在工件上按图纸要求划出钻孔加工线、打样冲眼。

(3)按照铰孔余量,确定各预钻孔的钻头直径进行钻孔,并对孔口进行 0.5 mm×45°倒角。

(4)铰各圆柱孔,并用 H8 塞规进行检测。

(5)铰圆锥孔,用锥销试配检验,达到要求。由于锥孔具有自锁性,因此进给量不能太大,防止铰刀卡死或折断。

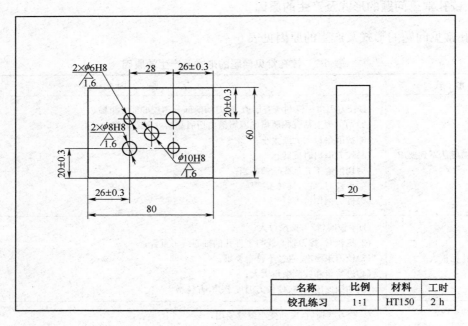

名称	比例	材料	工时
铰孔练习	1:1	HT150	2 h

图 6-23　平板铰孔图

1. 简述麻花钻各组成部分的名称及其作用。
2. 简述标准麻花钻头的各切削角度,试述其定义和作用。
3. 如何使钻的孔垂直? 在斜面上如何钻孔?
4. 在铜、铝件上钻孔时为什么容易产生扎刀现象,应如何避免?
5. 钻孔时应如何选用切削液?
6. 何为钻孔的切削速度、进给量和切削深度? 选择钻削用量的原则是什么?
7. 钻孔应注意哪些安全事项?
8. 简述铰刀的种类和构造及应用的场合。
9. 何为铰削余量? 过大或过小有何危害?
10. 简述铰削操作要点。

第七章

攻螺纹与套螺纹

【学习目标】

1. 熟知螺纹的有关制式及国家标准，了解螺纹的主要参数及螺纹旋向的判别。

2. 能熟练利用查表确定攻螺纹前底孔直径和套螺纹前圆杆直径。

3. 熟悉钳工加工螺纹的各种工具，掌握攻螺纹、套螺纹的加工方法，会判断加工过程中出现问题的原因并加以解决。

第一节　螺纹基本知识

用丝锥在工件孔中切削出内螺纹的加工方法称为攻螺纹；用板牙在圆杆上切出外螺纹的加工方法称为套螺纹。

一、螺纹的种类和用途

在圆柱或圆锥表面上，沿着螺旋线所形成的具有规定牙型的连续凸起称为螺纹。如图 7-1 所示，在圆柱或圆锥外表面上所形成的螺纹称为外螺纹；在圆柱或圆锥内表面上所形成的螺纹称为内螺纹。

螺纹的种类很多，有标准螺纹、特殊螺纹和非标准螺纹。钳工加工的螺纹多为三角螺纹，常用的螺纹制式有以下几种：

1. **公制螺纹**

公制螺纹也叫普通螺纹，螺纹牙型角为 60°，分粗牙普通螺纹和细牙普通螺纹两种。粗牙螺纹主要用于连接；细牙螺纹由于螺距小，螺旋升角小，自锁性好，除用于承受冲击、震动或变载的连接处，还用于调整机构。普通螺纹应用广泛，具体规格参看国家标准。

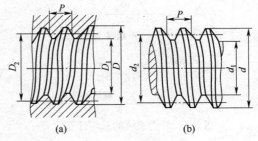

图 7-1　螺纹
(a)内螺纹；(b)外螺纹

2. **英制螺纹**

英制螺纹的牙型角有 55°、60°两种，在我国只用于进口设备修配，新产品不使用。

3. **管螺纹**

管螺纹是用于管道连接的一种英制螺纹，管螺纹的公称直径为管子的内径。

4. **圆锥管螺纹**

圆锥管螺纹也是用于管道连接的一种英制螺纹，牙型角有 55°和 60°两种，锥度为 1：16。

常用标准螺纹的分类和用途见表 7-1。

表 7-1　常用螺纹的种类和用途

螺纹种类	名称及代号			用　途
常用螺纹	三角螺纹	普通螺纹	粗牙　M16-6g	应用极广,用于各种紧固件连接件
			细牙　M30×2-6H	用于薄壁件连接或受冲击、震动及微调机构
		英制螺纹	3/16	牙型有 55°、60°两种,用于进口设备维修备件
	管螺纹	55°圆柱管螺纹	$R_P3/4$	用于水、油、气和电线管路系统
		55°圆锥管螺纹	ZG2	适用于高温高压结构的管子、管接头的螺纹密封
		60°锥形螺纹	Z3/8	用于气体或液体管路的螺纹连接
	梯形螺纹		Tr32×6-7H	广泛用于传力或螺旋传动中
	锯齿形螺纹		S70×10	用于单向受力的连接

二、螺纹的主要参数

1. 螺纹牙型

在通过螺纹轴线的剖面上,螺纹的轮廓形状称为螺纹牙型。按规定削去原始三角形的顶部和底部所形成的内、外螺纹共有部分所形成的理论牙型称为基本牙型,如图 7-2 所示,基本牙型有三角形、矩形、梯形、锯齿形等。

2. 螺纹大径

螺纹大径是代表螺纹公称尺寸的直径,外螺纹是指的牙顶直径,内螺纹是指牙底的直径。

3. 螺纹旋向

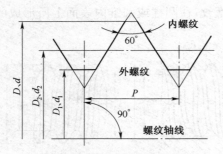

图 7-2　普通螺纹的基本牙型

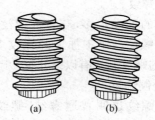

图 7-3　螺纹旋向判别
(a)右旋螺纹；(b)左旋螺纹

螺纹的旋向分左旋和右旋。螺纹旋向判别如图 7-3 所示,将螺纹轴线竖直放置,观察螺纹外表面轮廓线,轮廓线向左上方倾斜的为左旋螺纹,向右上方倾斜的为右旋螺纹。常用的螺纹都是右旋螺纹。

4. 螺纹线数

螺纹线数也称螺纹头数,线数是指在同一圆柱面上切削螺纹的根数。只切削一条的称为单线螺纹；切削两条的称为双线螺纹。通常把切削两条以上的称为多线螺纹。

5. 螺距和导程

相邻两牙在相同点上所对应的轴向距离称为螺距。导程为同一条螺旋线上相邻两牙对应两点间的距离。单线螺纹螺距和导程相同;多线螺纹的螺距等于导程除以线数。

螺纹的牙形、大径和螺距称为螺纹三要素,凡三要素符合标准的螺纹称为标准螺纹。凡螺纹的线数和旋向没有特别注明,则都是单线右旋螺纹。

6. 螺纹旋合长度

两个相互配合的螺纹沿螺纹轴线方向相互旋合部分的长度。

7. 螺纹标记

螺纹标记主要由螺纹代号和螺纹旋合长度等组成。粗牙普通螺纹代号用字母"M"表示;细牙普通螺纹用字母"M×螺距"表示;当螺纹为左旋时,在螺纹代号之后加"LH";螺纹为右旋时,不标注。螺纹旋合长度用"-"隔开后的螺纹旋合长度值表示。如 M20-30 表示公称直径为 20 mm 的右旋粗牙普通螺纹,螺纹旋合长度 30 mm。M20×1.5 LH-25 表示公称直径为 20 mm,螺距为 1.5 mm 的左旋细牙普通螺纹,螺纹旋合长度 25 mm。

第二节 攻螺纹技能实训

用丝锥在工件中加工出内螺纹的方法称为攻螺纹。

一、攻螺纹工具

1. 丝锥

丝锥是加工内螺纹的刀具,它分手用丝锥和机用丝锥两种。按其牙型可分为普通螺纹丝锥、圆柱管螺纹丝锥和圆锥螺纹丝锥等。普通螺纹丝锥又有粗牙和细牙、左旋和右旋之分等。

手用丝锥一般用碳素工具钢或合金工具钢经热处理淬硬后制成,机用丝锥通常是用高速钢制成。丝锥的结构如图 7-4(a)所示。

(1)丝锥的构造

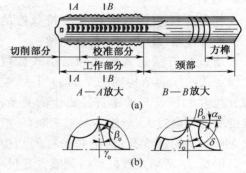

图 7-4 丝锥的构造
(a)丝锥的结构;(b)丝锥的切削角度

丝锥由工作部分和柄部分等组成。工作部分包括切削部分和校准部分。丝锥的主要参数有:

①切削部分 切削部分有锋利的切削刃,起切削作用,丝锥的切削锥角起引导作用。在切削部分和校准部分沿轴向有几条直槽,称容屑槽,起排屑作用和注入冷却润滑液。

丝锥切削部分前角 $\gamma = 8° \sim 10°$,后角 $\alpha = 6° \sim 8°$,如图 7-4(b)所示。

②校准部分 校准部分也称定径部分,用来确定螺孔的直径及修光螺纹,并引导丝锥沿轴向前进,是丝锥的备磨部分,其后角 $\alpha = 0°$。为了减少所攻螺纹的扩张量和校准部分与螺孔的摩擦,校准部分的大径、中径、小径均有 $(0.05 \sim 0.12)/100$ 的倒锥。

③柄部分 柄部分做成方榫结构,用以夹持和传递扭矩。丝锥的规格标志也刻印在柄部。

(2)成组丝锥切削用量

为了减少切削力和延长使用寿命,一般将整个切削工作量分配给几支丝锥来担当。通常 M6~M24 的丝锥及细牙螺纹丝锥为每组有两支;M6 以下及 M24 以上的丝锥每组有三支;在成组丝锥中,每支丝锥的切削用量分配有两种方式:

① 锥形分配　如图 7-5(a)所示,一组丝锥中,每支丝锥的大径、中径、小径都相等,只是切削部分的切削锥角及长度不等。锥形分配切削量的丝锥也叫等径丝锥。当攻制通孔螺纹时,用头锥一次切削即可加工完毕,二锥、三锥则很少使用。一般 M12 以下丝锥采用锥形分配。一组丝锥中,每支丝锥磨损很不均匀。由于头锥能一次攻削成形,切削厚度大,切屑变形严重,加工表面粗糙度差。

图 7-5　成组丝锥切削用量分配
(a)锥形分配;(b)柱形分配

②柱形分配　如图 7-5(b)所示,柱形分配切削量的丝锥也叫不等径丝锥,即头锥、二锥的大径、中径、小径都比三锥小。这种丝锥的切削量分配比较合理,三支一套的丝锥按 6∶3∶1 分担切削量,两支一套的丝锥按 7.5∶2.5 分担切削量,切削省力,各锥磨损量差别小,使用寿命较长。由于螺纹孔径多次切削成形,切削厚度小,切屑变形量也小,所以加工表面粗糙度值较小。一般 M12 以上的丝锥多属于这一种。

③丝锥的标记　一般在丝锥柄部上标有以下内容:制造厂商标、螺纹代号、丝锥公差带代号、材料代号(高速钢标 HSS,碳素工具钢或合金工具钢可不标)及不等径成组丝锥 粗细代号(头锥一条圆环,二锥两条圆环或顺序号Ⅰ、Ⅱ)。

2. 铰杠

铰杠是手工攻螺纹时用来夹持丝锥的工具。铰杠有普通铰杠和丁字铰杠两种。

普通铰杠有固定式铰杠和活络式铰杠两种。固定式铰杠的结构如图 7-6(a)所示,铰杠的方孔尺寸和柄长与丝锥直径成比例关系,使丝锥的受力不会过大,丝锥不易被折断,一般用于攻 M5 以下的螺纹孔;活络式铰杠的结构如图 7-6(b)所示,活络式铰杠可以调整方孔尺寸,应用范围较广。活络铰杠有 150～600 mm 六种规格,其适用范围见表 7-2。

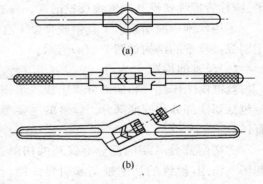

图 7-6　普通铰杠
(a)固定式铰杠;(b)活络式铰杠

表 7-2　活络式铰杠适用范围

活络式铰杠规格/mm	150	230	280	380	580	600
适用的丝锥范围	M5～M8	M8～M12	M12～M14	M14～M16	M16～M22	M24 以上

丁字铰杠配有一个较长的垂直扭杆,如图 7-7 所示,它适用于攻制带有台阶的螺纹孔或攻制机体内部位置比较深的螺纹孔。丁字铰杠也分为固定式和活络式。小型活络式丁字铰杠是一个可调节的四爪弹簧夹头,一般用于装 M6 以下的丝锥。大尺寸的丁字铰杠一般都是固定式的,它通常按实际需要定制。

二、螺纹底孔直径的确定和加工

1. 不同材料对螺纹底孔直径的影响

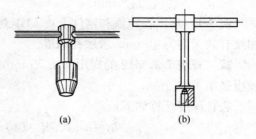

丝锥切削内螺纹时,会对材料产生挤压作用,塑性材料和脆性材料挤压后的现象是不一样的,因此,同样直径的螺纹需要钻的底孔直径大小也是不同的。塑性材料的底孔直径必须大于螺纹标准规定的螺纹小径,这样攻螺纹时,挤压出的金属就能填满螺纹槽,形成完整的螺纹;脆性材料攻螺

图 7-7　丁字铰杠
(a)活络式;(b)固定式

纹时,金属不会被挤出,所以底孔直径要比塑性材料的底孔小一些,否则,螺纹高度不够,会影响螺纹的强度。

2. 螺纹底孔直径的确定

螺纹已经标准化了,我们只需根据工件的材料和螺距的大小查表 7-3,即可确定螺纹底孔直径。

表 7-3　常用的粗、细牙普通螺纹底孔用钻头直径　　　　　　　　　mm

螺纹直径 D	螺距 P	钻头直径 D_z		螺纹直径 D	螺距 P	钻头直径 D_z	
		铸铁、青铜、黄铜	钢、可锻铸铁、纯铜			铸铁、青铜、黄铜	钢、可锻铸铁、纯铜
2	0.4	1.6	1.6	12	1.75	10.1	10.2
	0.25	1.75	1.75		1.5	10.4	10.5
3	0.5	2.5	2.5		1.25	10.6	10.7
	0.35	2.65	2.62		1	10.9	11
4	0.7	3.3	3.3	14	2	11.8	12
	0.5	3.5	3.5		1.5	12.4	12.5
5	0.8	4.1	4.2		1	12.9	13
	0.5	4.5	4.5	16	2	13.8	14
6	1	4.9	5		1.5	14.4	14.5
	0.75	5.2	5.2		1	14.9	15
8	1.25	6.6	6.7	18	2.5	15.3	15.5
	1	6.9	7		2	15.8	16
	0.75	7.1	7.2		1	16.9	17
10	1.5	8.4	8.5	20	2.5	17.3	17.5
	1.25	8.6	8.7		2	17.8	18
	1	8.9	9		1.5	18.4	18.5
	0.75	9.1	9.2		1	18.9	19

3. 加工螺纹底孔的要求

(1)螺纹底孔直径公差应符合国家标准。

(2)底孔的表面粗糙度值应小于 $R_a = 6.3 \ \mu m$。

(3)底孔的中心线应垂直于零件端面及轴线。

(4)底孔孔口应倒角。

(5)攻不通螺纹底孔时,底孔深度要大于需要的螺纹深度。其深度计算公式为:

$$h_z = h + 0.7d$$

式中　h_z——底孔深度,mm;

　　　h——所需螺纹深度,mm;

d——螺纹大径，mm。

例 7-1　求出在铸铁和钢件上攻 M12 螺纹时的底孔直径各为多少。若攻不通孔螺纹，其螺纹有效深度为 40 mm，求底孔深度。

解　查表 7-3，M12 的螺距为 1.75 mm，铸铁的底孔直径应采用 10.1 mm；钢件的底孔直径应采用 10.2 mm；

底孔深度计算如下：

$$h_z = h + 0.7d = (40 + 0.7 \times 12) = 48.4 \quad (mm)$$

三、攻螺纹操作

1. 手动攻螺纹

手动攻螺纹因为操作方便、灵活，适应各种工作条件，所以在钳工生产与维修中得到了广泛的应用。

手动攻螺纹时应注意以下事项：

（1）装夹工件时，应尽量使底孔中心线处于铅垂或水平位置，以便在攻丝过程中，随时判断丝锥的行进方向，避免丝锥跑偏；

（2）攻螺纹前，应先在底孔孔口处倒角，以利于丝锥进入；

（3）丝锥刚开始进入最为关键，如图 7-8(a)所示，要尽量将丝锥放正，然后对丝锥施加适当压力和扭力，当丝锥切入 1～2 圈时，要仔细观察和校正丝锥的轴线方向，重要的螺纹孔要用 90°角尺在丝锥的两个相互垂直的平面内测量，以保证丝锥的行进方向正确，如图 7-8(b)所示。

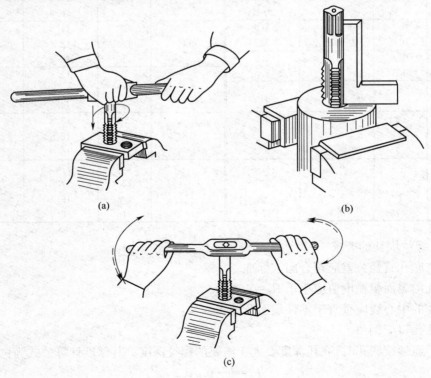

(a)　　　　　　　　　　　　　　　　(b)

(c)

图 7-8　攻螺纹的方法

(a)起始方法；(b)检查方法；(c)攻制过程

（4）当丝锥旋入 3～4 圈后，检查、校准丝锥的位置正确无误后，如图 7-8(c)所示，只需继续转动铰杠，丝锥则自然攻入工件，此时要注意，不能再对丝锥施加向下的压力，否则螺纹牙型将被破坏。

（5）在后继攻丝过程中，丝锥每转 1/2 圈至 1 圈时，丝锥就要倒转 1/2 圈，目的是将切屑切断并挤出。尤其是攻丝较深时，更要勤向后转，以利排屑。

（6）在攻丝中，如感到很费力，切不可强行转动，可用二锥与头锥交替进行攻螺纹。有时攻螺纹攻到中途，丝锥无法进退，这时应设法用小钢丝和压缩空气将切屑清除并加上润滑油，可将铰杠降至孔口处将丝锥夹住，小心地退出丝锥。

（7）当要更换一只丝锥时，一定要用手先将丝锥旋入至不能再旋入时，再改用铰杠夹持继续工作，这样可避免施加丝锥上的压力不均匀或晃动而乱扣。

（8）在塑性材料上攻螺纹时，要加机油或切削液润滑，以改善螺纹孔表面的加工质量，减小切削阻力，延长丝锥的使用寿命。

2. 断锥后的处理

攻螺纹时，如丝锥断裂在螺孔中，可用以下方法取出：

（1）首先把孔中的切屑清除干净，以免阻碍断丝锥取出。

（2）若丝锥在孔口或靠近孔口处断裂，可用狭錾或冲头等抵到断丝锥的一侧容屑槽中，顺着退出的切线方向轻轻敲击，必要时，再向逆方向敲击，这样交替反、正方向敲击，便可松动断裂的丝锥，将断丝锥退出。

（3）若丝锥在孔口内断裂，可以用带方榫的废丝锥拧上两个螺母，用适当粗的数条钢丝穿过螺母，插入断丝锥的容屑槽中，然后用扳手按退出方向拧动方榫，即可将断丝锥退出，见图 7-9。

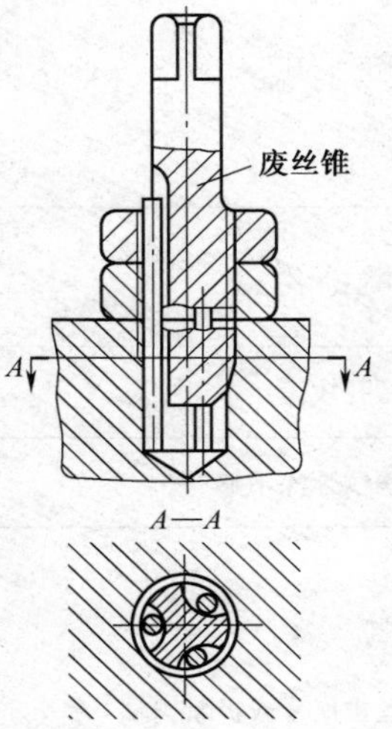

（4）若断丝锥露在孔外，可焊一六角螺母，用扳手拧动螺母便可旋出断丝锥。

3. 丝锥的修磨

当丝锥切削部分磨损或切削刃崩牙时，应刃磨后再使用。先将损坏部分磨掉，再磨出后角，如图 7-10 所示，要把丝锥竖起来刃磨，手的转动要平稳、均匀。刃磨后的丝锥，各对应处的锥角大小要相等，切削部分长度要一致。

图 7-9　用钢丝取出断丝锥

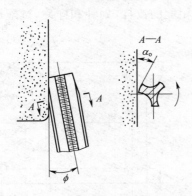

图 7-10　修磨丝锥后刃面

图 7-11　修磨丝锥前刃面

当丝锥校准部分磨损时，可刃磨前刀面使刃口锋利，如图 7-11 所示，刃磨时，丝锥在棱角修圆的片状砂轮上作轴向运动，整个前面要均匀磨削，并控制好角度。注意冷却，防止丝锥刃口退火。

四、攻螺纹常见问题的形式及产生的原因

攻螺纹常见问题的形式及产生的原因见表 7-4。

表 7-4　攻螺纹常见问题的形式及产生的原因

形　式	产　生　原　因
烂　牙	(1)螺纹底孔直径太小,丝锥不易切入,使孔口烂牙; (2)换用二锥、三锥时,与已切出的螺纹没有旋合好就强行攻削; (3)对塑性材料未加切削液或丝锥不经常倒转,而把已切出的螺纹啃伤; (4)头锥攻螺纹不正,用二锥、三锥时强行纠正; (5)丝锥磨钝或切削刃有粘屑; (6)丝锥铰杠掌握不稳,攻铝合金等强度较低的材料时,容易被切烂牙
滑　牙	(1)攻盲孔时,丝锥已到底仍继续扳转; (2)在强度较低的材料上攻较小螺纹时,丝锥已切出螺纹仍继续加压,或攻完退出时用铰杠转出
螺孔攻歪	(1)丝锥位置不正; (2)机攻时丝锥与螺孔轴线不同轴
螺纹牙深不够	(1)攻螺纹前底孔直径太大; (2)丝锥磨损
丝锥崩牙或折断	(1)工件材料中夹有硬物等杂质; (2)断屑排屑不良,产生切屑堵塞现象; (3)丝锥位置不正,单边受力太大或强行纠正; (4)两手用力不均; (5)丝锥磨钝,切削阻力太大; (6)底孔直径太小; (7)攻盲孔螺纹时丝锥已到底仍继续扳转; (8)攻螺纹时用力过猛

五、攻螺纹技能训练——平板攻螺纹

1. 准备工作

平板攻螺纹图纸及技术要求如图 7-12 所示。

工具准备:底孔钻头,丝锥 M6、M8、M12 及与丝锥相配的铰杠,划针和样冲,试配用的螺钉,润滑油和涂料,台式钻等。

量具准备:钢板尺、划规、游标卡尺、高度划线尺等。

材料准备:HT150　80 mm×60 mm×10 mm 一块。

2. 操作步骤

(1)按图样划出各螺孔的加工线、打样冲眼。

(2)查表 7-2 选出 M6、M8、M12 所对应的底孔钻头。

(3)钻螺纹底孔,并对孔口倒角。

(4)按螺纹底孔位置顺序进行攻螺纹。

(5)用相配的螺钉试配检验。

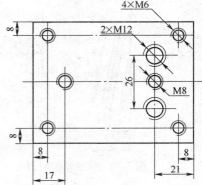

图 7-12　平板攻螺纹图

第三节　套螺纹技能实训

套螺纹是用板牙加工螺纹的方法。

一、套螺纹的工具

套螺纹的工具由板牙和板牙架组成。

1. 板牙

板牙是加工外螺纹的工具,由切削部分、校准部分和排屑孔组成。如图 7-13 所示,板牙的外形像一个圆螺母。

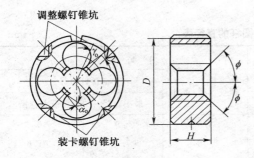

图 7-13　圆板牙

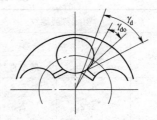

图 7-14　圆板牙前角变化

板牙是由碳素工具钢或高速钢制作并经淬火处理制成。

(1)切削部分　切削部分在板牙两端,都有切削锥,可以两面使用。切削锥不是圆锥面,而是经过铲磨而成的阿基米德螺旋面,能形成后角 $\alpha = 7° \sim 9°$。板牙锥角的大小一般是 $2\phi = 40° \sim 50°$。板牙前角数值沿切削刃变化,小径处的前角 γ_d 最大,大径处的前角 γ_{do} 最小,如图 7-14 所示,一般 $\gamma_{do} = 8° \sim 12°$,粗牙 $\gamma_d = 30° \sim 35°$,细牙 $\gamma_d = 25° \sim 30°$。

(2)校准部分　板牙的校准部分起修光和导向作用。校准部分会因为磨损使螺纹尺寸变大,超出尺寸公差范围。因此,如图 7-13 所示,M3.5 以上的圆板牙外圆上有一条 V 形槽和四个紧定螺钉锥孔,其中,上面两个紧定螺钉孔的轴线不通过板牙的轴线,有一定的向下偏移,是起调节作用的。当板牙的校准部分由于磨损而尺寸变大时,可将板牙沿 V 形槽用锯片砂轮切割出一条通槽,用板牙架上的两个调整螺钉顶入板牙上面的两个偏心的锥孔内,使圆板牙的尺寸缩小。下面两个紧定螺钉孔的轴线通过板牙的轴线,是用来将圆板牙固定在板牙架中用来传递扭矩的。

(3)排屑孔　如图 7-13 所示,在板牙上面钻有几个排屑孔用于排屑。

圆柱管螺纹板牙与普通螺纹板牙相似,只是单面有切削锥,圆锥螺纹的板牙工作时,所有切削刃都参加切削,切削费力,因其切削的轴向长度影响锥螺纹的尺寸,所以套圆锥螺纹时,要经常检查已攻螺纹

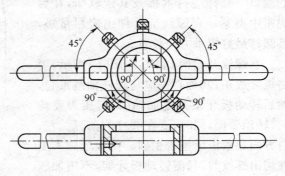

图 7-15　板牙架

的轴向长度,只要相配件旋入后满足要求即可,不能太长。

2. 板牙架

板牙架是装夹板牙的工具,图 7-15 是常用的几种圆板牙架,在板牙架的侧面有紧定螺钉,用于固定板牙。板牙架的规格与丝锥的铰杠类似,依据不同的板牙外径,配有长度不同的板牙架。

二、套螺纹前圆杆直径的确定

1. 套螺纹前圆杆直径的确定

套螺纹与攻螺纹的切削过程相同,所以,套螺纹前的圆杆直径应稍小于螺纹大径的尺寸。螺纹已经标准化了,我们只需根据螺纹的公称直径和螺距的大小查表 7-5,即可确定螺纹圆杆的直径。

表 7-5　板牙套螺纹时圆杆的直径表　　　　　　　　　　　　　　　　　　mm

粗牙普通螺纹				英　制　螺　纹		
螺纹直径	螺距	螺杆直径		螺纹直径/英寸	螺杆直径	
		最小直径	最大直径		最小直径	最大直径
M6	1	5.8	5.9	1/4	5.9	6
M8	1.25	7.8	7.9	5/16	7.4	7.6
M10	1.5	9.75	9.85	3/8	9	9.2
M12	1.75	11.75	11.9	1/2	12	12.2
M14	2	13.7	13.85	5/8	15.2	15.4
M16	2	15.7	15.85	3/4	18.3	18.5
M18	2.5	17.7	17.85	7/8	21.4	21.6
M20	2.5	19.7	19.85	1	24.5	24.8
M22	2.5	21.7	21.85	1¼	30.7	31
M24	3	23.65	23.8	1½	37	37.3

2. 套螺纹的方法及注意事项

套螺纹前,如图 7-16(a)所示,圆杆端部应倒锥角形成圆锥体,最小直径要小于螺纹小径,以便板牙切入,要求螺纹端部不出现锋利的端口。圆杆应衬木板或其他软垫,在台虎钳中夹紧。套螺纹部分伸出应尽量短,其圆杆最好铅垂方向放置。

套螺纹开始时,如图 7-16(b)所示,要将板牙放正,其轴心线应与圆杆轴线重合,然后转动板牙架并施加轴向力,压力要均匀,转动要慢,同时,要在圆杆的前、后、左、右方向观察板牙是否歪斜。待板牙旋入工件切出螺纹时,只需转动板牙架,不施加压力。为了断屑,板牙转动一圈左右要倒转 1/2 圈进行排屑。

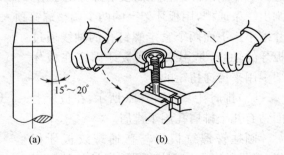

15°～20°

(a)　　　　　　(b)

图 7-16　套螺纹方法
(a)圆杆端部倒角;(b)用力方法

在钢件上套螺纹要加切削液,以保证螺纹质量,延长板牙的使用寿命,使切削省力。

三、套螺纹常见问题的形式及产生的原因

套螺纹常见问题的形式及产生的原因见表 7-6。

表 7-6 套螺纹常见问题的形式及产生的原因

形　式	产　生　原　因
烂牙(乱扣)	(1)圆杆直径太大; (2)板牙磨钝; (3)板牙没有经常倒转,切屑堵塞把螺纹啃坏; (4)铰杠掌握不稳,板牙左右摇摆; (5)板牙歪斜太多而强行修正; (6)板牙切削刃上粘有切削瘤; (7)没有选用合适的切削液
螺纹歪斜	(1)圆杆端面倒角不好,板牙位置难以放正; (2)两手用力不均匀,铰杠歪斜
螺纹牙深不够	(1)圆杆直径太小; (2)板牙 V 形槽调节不当,直径太大

四、套螺纹技能训练——圆钢套螺纹

1. 准备工作

圆钢套螺纹图纸及技术要求如图 7-17 所示。

工具准备:板牙 M8、M10、M12 及与其相配合的板牙架、平板锉等。

量具准备:直角尺,钢板尺,游标卡尺,螺纹规或相配螺母等。

材料准备:$\phi8$ mm、$\phi10$ mm、$\phi12$ mm 圆钢。

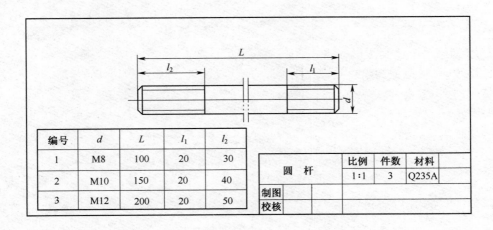

编号	d	L	l_1	l_2
1	M8	100	20	30
2	M10	150	20	40
3	M12	200	20	50

圆　杆		比例	件数	材料
		1:1	3	Q235A
制图				
校核				

图 7-17 圆钢套螺纹图纸

2. 操作步骤

(1)检查圆钢直径,调直,按长度下料。

（2）查表 7-3 选出 M8、M10、M12 所对应的套螺纹前圆杆直径。

（3）圆杆表面加工至符合直径要求，并对端部倒角。

（4）依次进行套螺纹。

（5）用相配的螺纹规或螺母试配检验。

1. 试述丝锥各组成部分名称、结构特点及其作用。

2. 用查表法确定下列螺纹攻螺纹前钻底孔的钻头直径：

（1）在钢料上攻 M18 的螺纹；

（2）在铸铁上攻 M18 的螺纹；

（3）在钢料上攻 M12×1 的螺纹；

（4）在铸铁上攻 M12×1 的螺纹。

3. 试述圆板牙的结构特点和作用。

4. 相同规格的螺纹，脆性材料和塑性材料的螺纹底孔直径为何不同？

5. 螺纹底孔直径为什么要略大于螺纹小径？

6. 套螺纹前，圆杆直径为什么要略小于螺纹大径？

7. 试述攻螺纹的操作要点和方法。

8. 丝锥断在螺孔中，取出方法有哪些？

第八章

刮 削

【学习目标】

1. 了解刮削在生产中的应用,知晓常用刮削刀具、量具的构造和使用方法。

2. 懂得各种刮削方法的操作过程,会调配显示剂,初步掌握研点的方法,能检验刮削的等级。

3. 能进行简单的刮削操作。

第一节 刮削基本知识

用刮刀刮去工件表面金属薄层的加工方法称为刮削,刮削可以提高工件的表面质量和形位精度,它是钳工的一项重要的基础操作,刮削分平面刮削和曲面刮削两种。

一、刮削概述

1. 刮削的特点及作用

刮削具有提高工件表面的硬度和耐磨性、切削量小、切削力小、减小表面粗糙度、改善相对运动件之间的润滑等特点。工件经过刮削,可以获得很高的尺寸精度、形状精度、接触精度和很小的表面粗糙度值,因此,它广泛应用于机床导轨等滑行面、滑动轴承的接触面、工具的工作表面及密封用配合表面的加工和修理等工作中。

刮削虽然有很多优点,但工人的劳动强度大,生产效率低。随着导轨磨床的诞生,大型企业在制造、修理过程中,对机床导轨、滑板、尾座等配合表面,大都采用了以磨代刮的新工艺。这项新技术不仅能保证产品质量、减轻工人劳动强度,而且还能大大提高生产效率。

2. 刮削原理

刮削是将工件与配合工件或校准工具互相研合,在显示剂的帮助下,显示出表面上的高点、次高点,用刮刀削掉高点、次高点。然后再次互相研合、显示、刮削,经过反复多次操作,使工件达到要求的尺寸精度、形状精度及表面粗糙度。

3. 刮削余量

刮削是一项繁重的手工操作,操作者的劳动强度很大,由于每刀能刮削的量很少,每次研合后只能刮去很薄的一层金属,故刮削余量不能太大,一般以能消除前道工序所残留的几何形状误差和切削痕迹为准,通常为 0.05～0.4 mm,具体数值见表 8-1。

在确定刮削余量时,还应考虑工件刮削面积的大小,工件面积大时余量要大;上道工序加工误差大时余量也要大,工件刚性差易变形时余量也应大些。只有调整好工件的刮削余量,才能经过反复刮削达到尺寸精度及形状和位置精度的要求。

表 8-1　刮　削　余　量　　　　　　　　　　　　　mm

平面的刮削余量					
平面宽度	平 面 长 度				
	100～500	500～1 000	1 000～2 000	2 000～4 000	4 000～6 000
100 以下	0.1	0.15	0.20	0.25	0.30
100～500	0.15	0.20	0.25	0.30	0.40
孔的刮削余量					
孔　径	孔　长				
	100 以下		100～200		200～200
80 以下	0.05		0.08		0.12
80～100	0.10		0.15		0.25
180～360	0.15		0.20		0.35

4. 刮削的种类

刮削可分为平面刮削和曲面刮削两种。平面刮削又分单个平面刮削和组合平面刮削两类；曲面刮削有内圆柱面、内圆锥面和球面刮削等。

二、刮削工具

1. 校准工具

校准工具也称研具，是用来磨研点和检验刮削面准确性的工具，工件表面每次刮削后都要用校准件或校准工具通过对研来校正、检验刮削效果。常用的校准工具有下列几种：

（1）标准平板

标准平板的结构和形状如图 8-1 所示，它是用来校验较宽的平面。标准平板的面积尺寸有多种规格，选用时，它的面积应大于刮削面的 3/4 为宜。标准平板一般是由组织均匀细密、耐磨性较好、变形较小的铸铁制成，经过精刨、粗刮和精刮而达到很高的表面质量。

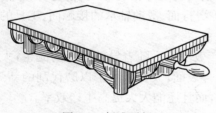

图 8-1　标准平板

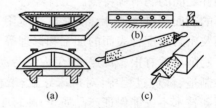

图 8-2　校准尺
（a）桥式直尺；（b）工字形直尺；（c）角度直尺

（2）校准尺

校准尺分校准直尺和角度直尺两类。

①校准直尺　校准直尺的结构和形状如图 8-2 所示，是用来校验狭长的平面的。图 8-2（a）是桥式直尺，用来校验机床较大导轨的直线度。图 8-2（b）是工字形直尺，它有单面和双面的两种。单面工字形直尺的一个测量面经过精刮，精度较高，用于检验较短导轨的直线度；双面工字形直尺的两个面都经过精刮并且互相平行，两个面有很高的平面度和平行度，常用来核验狭长平面相对位置的准确性。

②角度直尺　角度直尺的结构和形状如图 8-2（c）所示，它的两个测量面经精刮后达到很高的标准角度，如 55°、60°等，角度直尺是用来校验两个刮削成角度的组合平面，如燕尾导轨

的角度面等。角度直尺的第三个面未经过精密加工,是平时放置时的支承面。

各种校准尺不用时,应将其垂直吊起。不便吊起的校准尺,应安放平稳,以防止变形。

2. 检验曲面校准工具

检验各种曲面时,一般是用与其相配合的零件作为校准工具。如检验轴承内孔刮削质量时,常使用与其相配合的轴,如果没有合适的轴,可自制一根标准芯轴来检验。对于齿条和蜗轮的齿面,则用与其相啮合的齿轮和蜗杆作为校准工具。

3. 刮刀

刮刀是刮削工作中的主要工具,刀头应具有足够的硬度,刃口必须锋利。

刮刀的构造有两类,一类是采用弹性较好的 GCr15 滚动轴承钢制成,经热处理淬硬,刃口部分硬度可达到 HRC60 以上。另一类是采用硬质合金刀片镶焊在中碳钢的刮刀杆上,这类刮刀既有足够的硬度,又具有很好的弹性,可用来刮削较硬的表面。

为适应刮削各种不同形状的表面,刮刀可分为平面刮刀和曲面刮刀两大类。

(1)平面刮刀

平面刮刀主要用来刮削平面,如平板、工作台等,也可用来刮削外曲面,按所刮表面精度要求不同,可分为粗刮刀、细刮刀和精刮刀三种。常用的平面刮刀外形如图 8-3 所示。

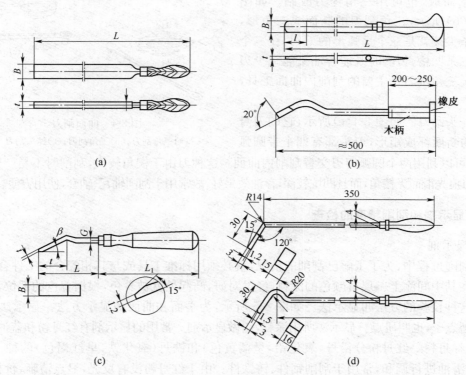

图 8-3 平面刮刀
(a)平刮刀;(b)挺刮刀;(c)弯头刮刀;(d)拉刮刀

①普通平刮刀 是应用最广的一种刮刀,外形如图 8-3(a)所示,用于一般的粗刮削。

②挺刮刀 能刮出较高质量的表面。外形如图 8-3(b)所示,刀杆具有一定的弹性,刮削量较大,效率较高。

③弯头刮刀 刮削刀痕光洁,常用于精刮或刮花。外形如图 8-3(c)所示,刀杆弹力相当

好,头部较小。

④拉刮刀　又称钩头刮刀,适用于其他刮刀无法进行刮削的机体内部平面的刮削。外形如图 8-3(d)所示。

刮刀长短宽窄因人手臂长短而异,无严格规定,以使用适当为宜。表 8-2 为常用平面刮刀的尺寸。

表 8-2　平面刮刀规格　　　　　　　　　　　　　　　　mm

种类 \ 尺寸	全长 L	宽度 B	厚度 i
粗刮刀	4 500~600	25~30	3~4
细刮刀	400~500	15~20	2~3
精刮刀	400~500	10~12	1.5~2

(2)曲面刮刀

曲面刮刀主要用来刮削内曲面,如滑动轴承的轴瓦等。常用的曲面刮刀有三角刮刀和蛇头刮刀两种。

①三角刮刀　三角刮刀一般是用碳素工具钢锻制而成,也可用三角锉刀改制。如图 8-4(a)、(b)所示,三角刮刀的断面成三角形,它的三条尖棱就是三个呈弧形的刀刃,在三个面上有三条凹槽,刃磨时既能含油又能减少刃磨面积。三角刮刀是主要的刮削内曲面工具,用途较广。

②蛇头刮刀　如图 8-4(c)所示,它的刀身和刀头的断面都成矩形,刀头部有四个带圆弧

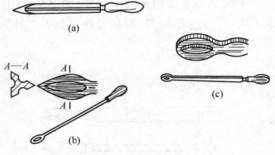

图 8-4　曲面刮刀
(a)三角刮刀;(b)三角刮刀;(c)蛇头刮刀

的刀刃,可以利用两个圆弧刀刃交替刮削内曲面。这种刀由于楔角较大,刮削时不易产生震动,刮出的刀痕光滑而无棱角,而且凹坑较深,存油效果好,故常用于刮削轴瓦、轴套,使用方便、灵活。

三、显示剂和刮削精度的检查

1. 显示剂

在刮削过程中,为了了解已刮削的情况,就必须用标准工具或与其相配合的工件合在一起对研。在其中间涂上一层有颜色的涂料,经过对研,凸起处就被着色,根据着色的部位,用刮刀刮去。这种校验的方法叫显示法。如图 8-5 所示,为平面和曲面的显示方法。显示法在工厂中称为磨点子,也叫研点。显示法所用涂料,叫做显示剂。常用的显示剂有红丹粉和蓝油两种。

(1)红丹粉　红丹粉分铅丹(氧化铅,呈橘黄色)和铁丹(氧化铁,呈红褐色)两种,颗粒较细,用润滑油进行调和,常用于刮削钢件、铸铁件。由于红丹粉没有反光,显点清晰,价格低廉,故为最常用的一种。

(2)蓝油　蓝油是用普鲁士蓝粉和蓖麻油及适量的润滑油调和而成,呈深蓝色,研点小而清楚。多用于精密工件和铜、铝等有色金属工件的显点。

2. 显示剂的使用方法

显示剂使用是否正确与刮削质量有很大关系。粗刮时,显示剂要调得稀些,这样在刀痕较多的工件表面上,既便于涂布,显示出的研点也大;精刮时,显示要调得稠些,这是因为工件表

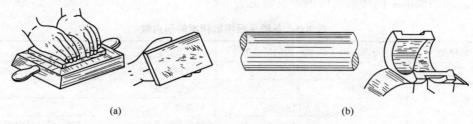

图 8-5 平面和曲面的显示方法

(a)平面显示方法;(b)曲面显示方法

面的凹凸已经比较小,在涂布时,应该薄而均匀,这样才能显示出细小的研点;在接近刮削终了时的显点,要求涂得更薄,这时,可以不要再加显示剂,只要用纱布或毛毡在上一次涂过显示剂的面上再抹一下,使其均匀就可以了。

红丹粉可以涂在工件表面上,也可以涂在标准面上。涂在工件表面上所显示出的研点,是红底黑点,没有闪光,看得比较清楚;涂在标准面上,工件表面只在高处着色,研点比较暗淡,但切屑不易黏附在刀口上,刮削比较方便,且可减少涂布次数。两种涂布方法,各有利弊。当工件表面研点逐渐增多到进行细刮或精刮阶段时,研点要求清晰醒目,此时,红丹粉涂在工件表面上对刮削较为有利。

在使用显示剂时,必须注意保持清洁,不能混进砂粒、铁屑和其他污物,以免划伤工件表面。盛装显示剂的容器,必须有盖,避免铁屑、污物落入和防止干涸。涂布显示剂用的纱头,必须用纱布包裹。其他涂布用物,都必须保持干净,以免影响显示效果。

3. 刮削精度的检查

刮削精度包括尺寸精度、形状和位置精度、接触精度及贴合程度、表面粗糙度等。

(1)方框罩检查研点

这是对平面刮削质量最常用的检查方法,如图 8-6 所示,将被刮面与校准工具对研后,用边长为 25 mm×25 mm 的正方形方框罩在被检查面上,根据方框内的研点数来决定接触精度。各种平面接触的研点数见表 8-3。

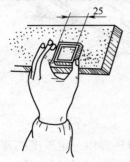

图 8-6 方框罩检查研点

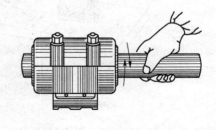

图 8-7 内曲面的研点方法

(2)曲面刮削质量检验

曲面刮削质量检验一般是将标准芯轴或配合轴的外表面上均匀涂布上蓝油,然后放在轴孔中进行旋转,即可显示出点子。如图 8-7 所示,标准芯轴或配合轴旋转时研具应沿曲面来回转动,切忌沿轴线方向作直线运动。

曲面刮削质量的检查方法同平面刮削一样,使用检查框测定 25 mm×25 mm 内接触点子的数目。滑动轴承不同接触精度的研点数见表 8-4。

表 8-3　各种平面接触精度的研点数

平面种类	每 25 mm×25 mm 内的研点数	应　用
一般平面	2～5	较粗糙机件的固定结合面
	>5～8	一般结合面
	>8～12	机器台面
	>12～16	机床导轨及导向面、工具基准面、量具接触面
精密平面	>16～20	精密机床导轨、直尺
	>20～25	1 级平板、精密量具
超精密平面	>25	0 级平板、高精密度机床导轨、精密量具

表 8-4　滑动轴承的研点数　　　　　　　　　　　mm

轴承直径	机床或精密机械主轴承		锻压、通用机械的轴承		动力机械和冶金设备的轴承		
	高精度	精　密	普　通	重　要	普　通	重　要	普　通
	每 25 mm×25 mm 内的研点数						
≤120	25	20	16	12	8	8	5
>120		16	10	8	6	6	2

（3）用允许的平面度和直线度表示

大多数刮削平面还有平面度和直线度的要求。如工件平面大范围内的平面度、机床导轨面的直线度等，如图 8-8 所示，这些误差可以用框式水平仪检查。其接触精度应符合规定的技术要求。

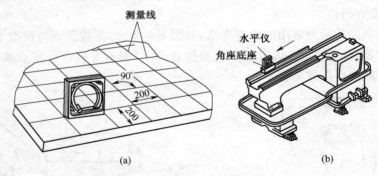

图 8-8　用水平仪检查接触精度
（a）检查平面度；（b）检查直线度

有些工件，除了单位面积内的研点数应符合要求外，有时还要用一定厚度的塞尺检查配合面的间隙；对于密封性能更好的接触面，则需要用气压或液压实验，如气门座等。

第二节　刮削技能实训

一、刮削前的准备工作

1. 场地的选择

刮削场地要清洁、平整，光线太强或太弱，都会影响视力。在刮削大型精密工件时，还应选择温度变化小而缓慢的刮削场地,以免因温差变化大而影响其精度的稳定性。放置精密或重型工件的场地要求要坚实,以防工件倾斜。

2. 工件的支承

工件安放必须平稳,使刮削时无摇动现象。安放时应选择合理的支承点。尤其安放重型或大型工件时,一定要选好支承点,保证放置平稳。刮削面位置的高度要以操作者的身高来确定,一般在操作者腰部比较适合。工件安放后,工件应保持自由状态,不应由于支承而受到附加应力。

3. 工件的准备

清理待加工件表面,清除工件表面的油污和杂质,工件上的飞边要倒掉,以防划破手指。

4. 修磨刮刀

认真检查刮刀是否锋利,再进行细致修磨。如果刮刀硬度不够时,要进行淬硬处理,或者更换锋利刮刀,不可勉强使用。

二、平面刮削方法

刮削方法与刮削质量和刮削效率关系很大,目前采用的有手刮法和挺刮法两种。

1. 手刮法

手刮法动作要领如图 8-9 所示,右手与握锉刀柄相像,左手四指向下握住距刮刀头部 50 mm 处,刮刀与刮削面成 25°～30°角。同时,左脚向前跨一步,身子略向前倾,身体重心靠向左腿,以增加左手压力,也便于看清刮刀前面的研点情况。刮削时让刀头找准研点,身体重心往前送的同时,右手跟进刮刀,左手下压,落刀要轻,同时引导刮刀方向,左手随着研点被刮削的同时,用刮刀的反弹作用迅速提起刀头,刀头提起高度约 5～10 mm,这样就完成一个手刮动作。

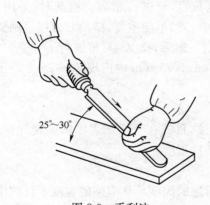

图 8-9 手刮法

图 8-10 挺刮法

这种刮削方法动作灵活、适应性强,可用于各种位置的刮削,对刮刀长度要求不太严格。但手刮法的推、压和提起动作,都是用两手臂力量来完成的,因此要求操作者有较大臂力。

2. 挺刮法

挺刮法动作要领如图 8-10 所示,将刮刀柄顶在小腹右下侧肌肉处,双手握住刀身,左手约距刀刃 80 mm 左右。刮削时,利用腿力和臀部的力量将刮刀向前推进,双手对刮刀施加压力。在刮刀向前推进的瞬间,用右手引导刮刀前进的方向,随之左手立即将刮刀提起,刀头提起高度约为 10 mm,这时刮刀便在工件表面上刮去一层金属,完成了挺刮的动作。

挺刮法特点是施用全身力量,协调动作,用力大,每刀刮削量大,所以适合大余量的刮削。

其缺点是身体总处于弯曲状态,容易疲劳。

三、平面刮削步骤

平面刮削过程可分为四个阶段进行,即粗刮、细刮、精刮和刮花。

1. 粗刮

当工件的机械加工表面留有较深的刀痕,或工件表面有严重的锈蚀或刮削加工余量在 0.05 mm 以上时,需进行粗刮。

粗刮是用粗刮刀在刮削面上均匀地铲去一层较厚的金属。粗刮使用长柄刮刀,采取连续推铲方法,刮屑厚而宽,刀迹连成片。刀迹宽为 8～16 mm,刮刀行程长约 30～60 mm,每刮一遍时,应调换 45°角,交叉进行。整个刮削面上要均匀地刮削,防止出现中间低边缘高的现象。当目测表面没有不平处时,可进行研点,然后再将点子刮去。这样反复研点,反复刮削几遍后,即可用检查框检验,当粗刮至每 25 mm×25 mm 内有 2～3 个研点时,粗刮即告结束。

2. 细刮

粗刮后,表面研合点还很少,没有达到表面质量要求,因此还需要细刮。细刮是用细刮刀在刮削面上刮去稀疏的大块研点,使刮削面进一步改善。随着研点的增多,刀迹要逐步缩短,细刮时,要两个方向刮完一遍后,再交叉刮削第二遍,以此消除原方向上的刀迹。细刮刀口略带圆弧,刀迹宽度约在 6～12 mm,刮刀行程 10～25 mm。为加快刮削速度,把研磨出的高点连同周围部分都刮去一层,就能显现出次高点。然后,再刮次高点,次高点被刮除后,又显现出其他较低的点子来。随着研合点子的增多,可将红丹粉均匀而薄地涂布在平板上,再进行研点,当用检验框检查 25 mm×25 mm 内有 12～15 个点子时,细刮阶段完成。

3. 精刮

在细刮后,为进一步提高表面质量,增加表面研点数目,要进行精刮。精刮时,采用点刮法,找点要准,落刀要轻,起刀要快。在每个研点上只刮一刀,不能重复,精刮刀刃口呈圆弧形,刀迹宽约 3～5 mm,刮削行程在 3～6 mm 左右,每精刮一遍后,交叉 45°角进行下一遍。反复刮削几遍后,点子会越来越多,越来越小,当达到每 25 mm×25 mm 内出现 20～25 个点子,精刮阶段完成。

4. 刮花

刮花是在精刮后在刮削面上用刮刀刮出装饰性花纹,目的在于增加表面的美观和保证良好的润滑条件,并可根据花纹消失情况来判断平面的磨损程度。

一般常见花纹如图 8-11 所示。

在不同的刮削步骤中,应控制每刮一刀的深度。刀迹的深度可从刀迹的宽度上反映出来。因此,应从控制刀迹的宽度来控制刀迹的深度。粗刮时,刀迹宽度不要超过刃口宽度的 2/3～

　　　　(a)　　　　　　　　(b)　　　　　　　　(c)　　　　　　　　(d)

图 8-11　刮花

(a)斜纹;(b)鱼鳞纹;(c)半月纹;(d)燕子纹

3/4，否则刀刃的两侧容易扎入刮削面造成沟纹。细刮时，刀迹宽度约为刃口宽度的 1/3～1/2，刀迹过宽也会影响到单位面积的研点数。精刮时，刀迹宽度应该更窄。

刮削推研时要特别重视清洁工作，切不可让杂质留在研合面上，以免造成刮研面或标准平板的严重划伤。不论是粗、细、精刮，对小工件的显示研点，应当是标准平板固定，工件在平板上推研。推研时要求压力均匀，避免显示失真。

四、刮削应用

1. 原始平板刮削

原始平板的刮削一般采用循环渐近刮削法，即不用标准平板，而以三块平板依次循环互研互刮，直至达到要求。

（1）平板分组编号

先将三块平板单独进行粗刮，去除机械加工的刀痕和锈斑。对三块平板分别编号为 1、2、3，按编号次序进行刮削，其刮削循环步骤如图 8-12 所示。

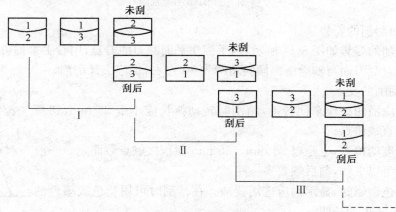

图 8-12　原始平板的刮削步骤

（2）第一次循环

先设 1 号平板为基准，与 2 号平板互研互刮，使 1、2 号平板贴合。再将 3 号平板与 1 号平板互研，单刮 3 号平板，使 1、3 号平板贴合。然后用 2、3 号平板互研互刮，这时 2 号和 3 号平板的平面度略有提高。

（3）第二次循环

在上一次 2 号与 3 号平板互研互刮的基础上，按顺序以 2 号平板为基准，1 号与 2 号平板互研，单刮 1 号平板，然后 3 号与 1 号平板互研互刮。这时 3 号和 1 号平板的平面度又有了提高。

（4）第三次循环

在上一次 3 号与 1 号平板互研互刮的基础上，按顺序以 3 号平板为基准，2 号与 3 号平板互研，单刮 2 号平板，然后 1 号与 3 号平板互研互刮，这时 1 号和 2 号平板的平面度进一步提高。

循环渐近刮削法循环次数越多，则平板越精密。直到在三块平板中任取两块对研，不论是直研还是对角研都能得到相近的清晰研点，且每块平板上任意 25 mm×25 mm 内均达到 30 个点以上，表面粗糙度 $R_a \leqslant 0.8\ \mu m$，刀迹排列整齐美观，则平板刮削即告完成。

2. 曲面刮削

曲面刮削分内曲面刮削和外曲面刮削。主要用于滑动轴承轴瓦的刮削。曲面刮削的原理和平面刮削一样,主要刮削工具是三角刮刀或蛇头刮刀。

（1）内曲面刮削的姿势

内曲面刮削姿势有两种,如图8-13（a）所示,一种是右手握刀柄,左手用四指横握刀体,大拇指抵住刀身。刮削时,左、右手同时作圆弧运动,并顺着曲面方向作后拉和前推刀杆的螺旋运动,使刀迹与曲面轴线约成45°夹角,且交叉进行。另一种姿势如图8-13（b）所示,刮刀柄搁在右臂上,双后握住刀体,刮削动作、刮刀运动轨迹与第一种完全一致。

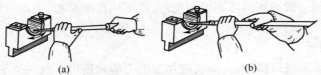

图 8-13　内曲面刮削的姿势

（a）旋转刮削；（b）往复刮削

（2）外曲面刮削的姿势

外曲面刮削的姿势如图8-14所示,两手握住平面刮刀的刀身,用右手掌握方向,左手加压或提起。刮削时刮刀面与轴承端面倾斜角约为30°左右,也应交叉刮削。

（3）曲面刮削的要点

①研点时应沿曲面作来回转动,精刮时转动弧长应小于25 mm,切忌沿轴线方向作直线研点。

②内孔精度的检查,也是以25 mm×25 mm面积接触点数而定。一般要求是中间点可以少些,前后端要多一些。

③刮削有色金属时,显示剂应选用蓝油。在精刮时可用蓝色或墨色油代替,使显点色泽更加分明。

五、刮削常见问题的形式及产生的原因

刮削常见问题的形式及产生的原因见表8-5。

图 8-14　外曲面刮削的姿势

表 8-5　刮削常见问题的形式及产生的原因

形　式	产　生　原　因
深凹痕	（1）粗刮时用力不均匀,局部落刀太重； （2）多次刀痕重叠； （3）刀刃圆弧过小
梗　痕	刮削时用力不均匀,使刃口单面切削
撕　痕	（1）刀刃不光洁、不锋利； （2）刀刃有缺口或裂纹
落刀或起刀痕	落刀时,左手压力和速度较大及起刀不及时
震　痕	多次同向切削,刀迹没有交叉
划　道	显示剂不清洁,或研点时混有砂粒和铁屑等杂物
切削面精度不高	（1）研点时压力不均匀,工件外露太多而出现假点子； （2）研具不正确； （3）研点时放置不平稳

六、刮削技能训练——平板刮削

1. 准备工作

平板刮削图纸及技术要求如图 8-15 所示。

工具准备：三角刮刀、蛇头刮刀、红丹粉、标准平板、平板锉等。

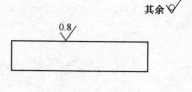

量具准备：标准平板、25 mm×25 mm 检查框。

材料准备：80 mm×60 mm×20 mm 锉平板一块。

2. 操作步骤

（1）平面刮刀在砂轮机和油石上刃磨锋利，用机油调和红丹粉作显示剂。

（2）粗刮，用连续推铲的方法，去除工件表面锉平加工痕迹，当平面均匀达到 25 mm×25 mm 内 2～3 个研点时，粗刮结束。

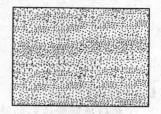

图 8-15 平板刮削图

（3）细刮，根据平面上研点分布情况及明暗程度，掌握好刮削位置及用力轻重，反复细刮多次，当平面均匀达到 25 mm×25 mm 内 10～14 个研点时，细刮结束。

（4）精刮，在细刮的基础上，对工件表面作进一步整修，使研点更多更小，达到图纸要求。

（5）刮花，在刮削面上刮出装饰性花纹，增加表面的美观，保证良好的润滑条件。

思 考 题

1. 工件在什么要求下才进行刮削加工？它有哪些特点？

2. 刮刀有几种？各用于何种场合？

3. 刮削中，常用校准工具有哪些？

4. 粗刮和精刮所调的红丹粉有何不同？为什么？

5. 说明粗刮、细刮和精刮的不同点。

6. 平面刮削过程中，应注意哪些问题？

7. 用示意图表示并说明原始平板的刮研方法。

8. 显点时应注意哪些问题？

9. 如何检查刮削面的直线度和平面度？

第九章

研　磨

【学习目标】
1. 了解研磨所能达到的精度等级和适用的加工领域,知晓研磨原理和操作的全过程。
2. 懂得研磨用具、研磨剂和研磨方法等基础知识,熟知影响研磨精度的各种因素。
3. 可以完成原始平板的研磨。

第一节　研磨的基本知识

用研磨工具和研磨剂从工件表面磨去一层极薄金属层的加工方法,称为研磨。研磨能使工件得到精确的尺寸、准确的几何形状和极低的表面粗糙度。

一、研磨的原理和作用

1. 研磨的原理

研磨用的工具简称为研具,研具的材料比被研磨工件的材料要软,研磨时在研具的研磨面上涂上研磨剂,在受到工件的压力后,研磨剂中的微小硬质颗粒被嵌入研具面上,这些微细磨料像无数刀刃,在研具和工件之间作滑动、滚动,产生微量的切削作用,每一磨粒的运动都非常复杂,不会在表面上重复自己的运动轨迹,这样磨料就在工件表面上切去极薄的一层金属。这是研磨原理中的物理作用。

在研磨过程中,除了物理作用外还同时发生着化学作用。在用氧化铬、硬脂酸等化学研磨剂进行研磨时,当新鲜切痕与空气接触后,很快在工件表面形成一层氧化膜,氧化膜本身又很容易被研磨掉,这样,在研磨过程中,氧化膜迅速地形成,又不断地被磨掉,经过多次地反复,工件表面就能得到较高的精度和更小的表面粗糙度值。氧化膜形成是化学作用,微量的切削是物理作用,由此可见,研磨加工实际上体现了物理作用和化学作用的综合效果。

手工研磨的一般方法如图 9-1 所示,在研具平板的研磨面上和工件之间涂上研磨剂,在一定压力下,工件和研具按一定轨迹作相对运动,直至研磨完毕。

2. 研磨的作用

(1)可得到精确的尺寸

工件经研磨后,可得到很高的尺寸精度。一般尺寸精度可达 0.001~0.005 mm。

(2)能提高工件的形位精度

研磨可使工件获得精确的几何形状和相对位置精度。零件经研磨后,其形位误差可控制在 0.005 mm 范围之内。

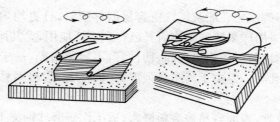

图 9-1 手工研磨

（3）获得到很低的表面粗糙度

通过研磨，零件的表面粗糙度可达 $R_a=0.05\sim0.20$ mm，最高可达 $R_a=0.006$ mm。这是其他机加工方法所不能达到的。表 9-1 为各种加工方法所得表面粗糙度的比较。

表 9-1　各种加工方法所得表面粗糙度的比较

加工方法	加工情况	表面放大的情况	表面粗糙度 $R_a/\mu m$
车			1.5～80
磨			0.9～5
压光			0.15～2.5
珩磨			0.15～1.5
研磨			0.1～1.6

（4）延长工件使用寿命

零件经研磨后，由于具有很小的表面粗糙度，所以其耐磨性、抗蚀性和疲劳强度都有相应的提高，从而可延长零件的使用寿命。

研磨加工生产效率低、成本高，一般的零件都不需要研磨，只有在零件要求的形位公差小于 0.05 mm、尺寸公差小于 0.01 mm 时才考虑使用研磨的方法，如游标卡尺、量具等。

二、研磨工具和研磨剂

1. 研具材料

研具材料的硬度应比工件表面硬度稍软，这样才能保证磨料嵌进研具表面，但又不能过软，否则磨料会全部嵌进研具表面，从而失去研磨的作用。另外，研具的材料过软，在使用中也易于变形和磨损。所以研具材料的组织要细致均匀，要有很高的稳定性和耐磨性，具有较好的嵌存磨料的性能。常用的研具材料有以下几种：

（1）灰铸铁　灰铸铁是常用的研具材料。由于其组织中含有大量的石墨，所以有很好的耐磨性、润滑性，且磨料易嵌入研具表面，硬度适中，易于加工，研磨效率较高，是一种价廉易得的研磨材料。

（2）球墨铸铁　球墨铸铁比一般灰铸铁更容易嵌存磨料，且更均匀、牢固、适度，同时还能增加研具的耐用程度。采用球墨铸铁制作研具已得到广泛应用，尤其用于精密工件的研磨。

（3）低碳钢　低碳钢比灰口铸铁强度高、韧性好，不容易折断，适于制作小尺寸的研具，如研磨小尺寸的螺纹和小孔等。但由于其本身强度高、韧性大，磨料不易嵌入，故不宜用来制作精密研具。

（4）铜　铜的性质较软，表面容易被磨料嵌入，适于作研磨软钢类工件的研具。

（5）轴承合金　轴承合金又称巴氏合金，主要用于铜合金精密轴瓦的抛光和软质材料的研磨。

2．研具种类

常用的研具有研磨平板、研磨环、研磨棒及异形研具。

（1）研磨平板　研磨平板主要用来研磨平面，如刀口角尺、量块等精密量具的平面及精密机械设备的导轨面等，如图 9-2 所示，它分为有槽平板和光滑平板两种。

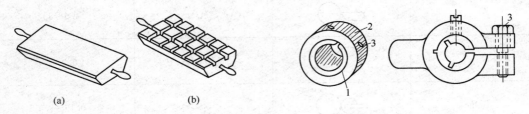

图 9-2 研磨平板

(a)光滑平板；(b)有槽平板

图 9-3　研磨环

1—调节圈；2—外圈；3—调节螺钉

（2）研磨环

研磨环如图 9-3 所示，主要用来研磨外圆柱表面。研磨环的内径应比工件的直径大 0.025～0.05 mm。研磨一段后，如研磨环孔径磨大，可拧紧调节螺钉，将孔径缩小，达到所需的尺寸。

（3）研磨棒

研磨棒如图 9-4 所示，主要用于圆柱孔的研磨，有固定式和可调式两种。

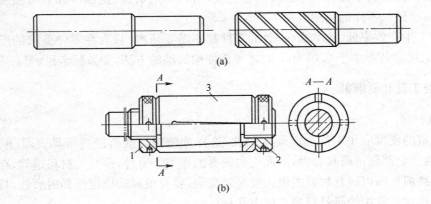

图 9-4　研磨棒

(a)固定式；(b)可调试

固定式研磨棒也有有槽和光滑之分,有槽的用于粗研磨,光滑的用于精研磨。固定式研磨棒构造简单,但磨损后无法补偿。为此,对工件上一个孔径尺寸的研磨,需要预先制备多个包括有粗研磨、半精研磨和精研磨余量的研磨棒来完成。对要求比较高的孔,每组研具可达 5 件之多。因此,研磨棒多用于单件研磨。

可调式研磨棒其尺寸可在一定的范围内进行调整,故使用寿命较长,用来研磨成批生产的工件较为经济,应用广泛。

如果把研磨环的内孔、研磨棒的外圆作成圆锥形,则可以用来研磨内、外圆锥表面。

(4)异形研具

在进行角度面、曲面等异形面的研磨时,要使用和研磨面形状一致的异形研具。异形研具的形状如图 9-5 所示,异形研具按研磨时研具是否运动分为可动型研具和不可动型研具。

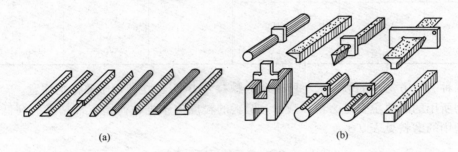

(a)　　　　　　　　　　　　　(b)

图 9-5　异形研具
(a)可动型研具;(b)不可动型研具

3. 研磨剂

研磨剂是由磨料和研磨液调和而成的混合剂,有液态、膏状和固状三种。

(1)磨料

磨料是一种粒度很小的硬质材料,在研磨中起切削作用。研磨工作的效率、工件的精度和表面粗糙度,都与磨料有密切的关系。常用的磨料有以下三类:

① 氧化物磨料　常用的氧化物磨料有氧化铝(白刚玉)和氧化铬等,有粉状和块状两种。它具有较高的硬度和较好的韧性,主要用于碳素工具钢、合金工具钢、高速钢和铸铁工件的研磨,也可用于研磨铜、铝等各种有色金属。

② 碳化物磨料　碳化物磨料呈粉状,它的硬度高于氧化物磨料,除用于一般钢铁材料制件的研磨外,主要用来研磨硬质合金、陶瓷之类的高硬度工件。

③ 金刚石磨料　金刚石磨料有人造和天然两种。其切削能力、硬度比氧化物磨料和碳化物磨料都高,研磨质量也好。但由于价格昂贵,一般只用于特硬材料的研磨,如硬质合金、硬铬、陶瓷和宝石等高硬度材料的精研磨加工。

磨料的粗细用粒度表示,根据磨料标准 GB/T 2481.2—1998 规定,粒度用磨粒、磨粉和微粉三个组别共 41 个粒度代号表示,见表 9-2。

磨粒和磨粉的粒度用过筛法取得,大小用号数表示,一般是在数字的右上角加"♯",如 $100^{\sharp}$、$240^{\sharp}$ 等。号数的数值表示的是单位面积上筛孔的数目,相同面积上的筛孔的数目越多,筛下去的颗粒就越细,由此可知,号数越大,磨料越细;微粉的粒度采用沉淀法取得,用微粉尺寸(μm)的数字前加"W"表示,如 W10、W15 等。因数字直接代表了颗粒的大小,故号数大时磨料粗。

表 9-2　磨 料 粒 度

组　别	粒度号数	颗粒尺寸/μm	组　别	粒度号数	颗粒尺寸/μm
磨 粒	12#	2000～1600	磨 粉	240#	63～50
	14#	1600～1250		280#	50～40
	16#	1250～1000	微 粉	W40	40～28
	20#	1000～800		W28	28～20
	24#	800～630		W20	20～14
	30#	630～500		W14	14～10
	36#	500～400		W10	10～7
	46#	400～315		W7	7～5
	60#	315～250		W5	5～3.5
	70#	250～200		W3.5	3.5～2.5
	80#	200～160		W2.5	2.5～1.5
磨 粉	100#	160～125		W1.5	1..5～1
	120#	125～100		W1	1～0.5
	150#	100～80		W0.5	0.5～更细
	180#	80～63			

这两种表示方法中的数字大小所表示的颗粒大小相反，在使用中要特别注意。

研磨所用的磨料主要是磨粉和微粉。磨料的粒度应根据被研磨工件精度的高低选用，常用的研磨用的磨料见表 9-3。

表 9-3　常用的研磨用磨料

系列	磨料名称	代号	特　　性	适　用　范　围
氧化铝系	棕刚玉	A	棕褐色,硬度高,韧性大,价格便宜	粗、精研磨钢、铸铁和黄铜
	白刚玉	WA	白色,硬度比棕刚玉高,韧性比棕刚玉差	精研磨淬火钢、高速钢、高碳钢
	铬刚玉	PA	玫瑰红或紫红色,韧性比白刚玉高,磨削粗糙度值低	研磨量具、仪表零件等
	单晶刚玉	SA	淡黄色或白色,硬度和韧性比白刚玉高	研磨不锈钢、高钒高速钢等强度高、韧性大的材料
碳化物系	黑碳化硅	C	黑色有光泽,硬度比白刚玉高,脆而锋利,导热性和导电性良好	研磨铸铁、黄铜、铝、耐火材料及非金属材料
	绿碳化硅	GC	绿色,硬度和脆性比黑碳化硅高,具有良好的导热性和导电性	研磨硬质合金、宝石、陶瓷、玻璃等材料
	碳化硼	BC	灰黑色,硬度仅次于金刚石,耐磨性好	粗研磨和抛光硬质合金、人造宝石等硬质材料
金刚石系	人造金刚石	JR	无色透明或淡黄色、黄绿色、黑色,硬度高,比天然金刚石略脆,表面粗糙	粗、精研磨硬质合金、人造宝石、半导体等高硬度脆性材料
	天然金刚石	JT	硬度最高,价格昂贵	
其他	氧化铁		红色至暗红色,比氧化铬软	精研磨或抛光钢、玻璃等材料
	氧化铬		深绿色	

4. 研磨液

研磨液在研磨加工中起到调和磨料、冷却和润滑的作用。研磨液的质量高低和选用是否正确将直接关系到研磨的效果。研磨液应满足以下条件：

（1）要有一定的黏度和稀释能力。要求调和后的磨料能均匀地黏附在研具和工件的表面上,从而使磨料对工件产生切削作用。

(2)有良好的润滑和冷却作用。在研磨过程中,研磨液应起到良好的润滑和冷却作用。

(3)对人体健康无损害,对工件无腐蚀性,且易于清洗。

常用的研磨液有煤油、汽油、10 号与 30 号全损耗系统用油、工业用甘油、透平油等。此外,根据需要在研磨液中再加入适量的石蜡、蜂蜡等填料和黏性较大而氧化作用较强的油酸、脂肪酸、硬脂酸等。

在实际生产中,一般采用成品研磨膏进行研磨。研磨膏分粗、中、细三种,使用时可根据要求选择使用。

三、研磨方法

1. 研磨余量

研磨的切削量很小,一般每研磨一遍所磨去的金属层厚度不超过 0.002 mm,所以研磨余量不能太大。通常研磨余量在 0.005～0.03 mm 范围内比较适宜。研磨余量的大小应综合考虑工件尺寸、精度要求、加工工序等多因素而确定。

(1)研磨面积较大或形状复杂且精度要求高的工件时,研磨余量应留得大一些,用以弥补面积大形成的加工偏差。

(2)如果上道工序的加工精度较高,研磨余量应取较小值,上道工序较高的精度会使本工序尺寸变动很小。

(3)当工件的位置精度要求高,而上道工序又无法达到时,可利用较大的研磨余量来纠正工件的位置偏差。在实际加工中,研磨余量可参考表 9-4、表 9-5、表 9-6 进行选择。

表 9-4　平面研磨余量　　　　　　　　　　　　　　　　　mm

平面长度	平 面 宽 度		
	25	26～75	76～150
≤25	0.005～0.007	0.007～0.010	0.010～0.014
26～75	0.007～0.010	0.010～0.014	0.014～0.020
76～150	0.010～0.014	0.014～0.020	0.020～0.024
151～260	0.014～0.018	0.020～0.024	0.024～0.030

表 9-5　外圆表面研磨余量　　　　　　　　　　　　　　　　mm

直 径	直径余量	直 径	直径余量
≤10	0.005～0.008	51～80	0.008～0.012
11～18	0.006～0.008	81～120	0.010～0.014
19～30	0.007～0.010	121～180	0.012～0.015
31～50	0.008～0.010	181～260	0.015～0.020

表 9-6　内圆表面研磨余量　　　　　　　　　　　　　　　　mm

内圆直径	铸 铁	钢	内圆直径	铸 铁	钢
25～125	0.020～0.100	0.010～0.040	300～500	0.120～0.200	0.040～0.060
150～275	0.080～0.160	0.020～0.050			

2. 研磨的运动轨迹

研磨时,研具与工件之间所做的相对运动称为研磨运动。手工研磨的运动轨迹,其特点一是要保持工件与研具之间紧密贴合的平行运动,其运动轨迹能够均匀地遍布于整个研磨面,同时要不断有规律地改变运动方向,使工件表面的研磨痕迹交错排列,且纹路细致均匀;二是要保证研具的均匀磨损,以提高研具的耐用度。一般常采用的运动形式有以下几种。

(1)直线研磨运动轨迹

直线研磨运动轨迹如图 9-6(a)所示,由于轨迹不能相互交叉,容易直线重叠,使工件难以得到更小的表面粗糙度值,但这种方法可获得较高的几何精度,所以它适用于有台阶的狭长平面的研磨。

(2)摆动式直线形研磨运动轨迹

摆动式直线形研磨运动轨迹如图 9-6(b)所示,它的特点是工件在直线往复运动的同时进行左右摆动。这种方法常用于研磨直线度要求高的窄长刀口形工件,如刀口尺、刀口角尺及样板角尺测量刃口等的研磨。

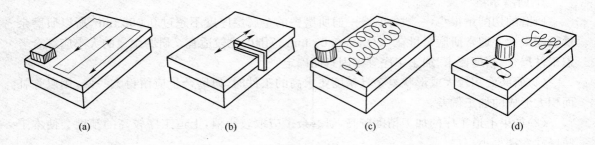

图 9-6　研磨轨迹
(a)直线;(b)摆动式直线形;(c)螺旋线形;(d)8 字形

(3)螺旋形研磨运动轨迹

这种运动轨迹如图 9-6(c)所示,采用螺旋式研磨运动,能获得更小的表面粗糙度值,这种方法多用于研磨圆片或圆柱形工件的端面等。

(4)"8"字形研磨运动轨迹

"8"字形研磨运动轨迹如图 9-6(d)所示。这种运动轨迹能使工件与研具保持均匀的接触,既有利于保证研磨质量,又能使研具保持均匀的磨损,适宜于小平面工件的研磨或研磨平板的修整等。

3. 研磨时的上料

研磨过程中,在研具或工件上加添研磨剂的操作称为上料。常用的上料方法有压嵌法和涂敷法两种。

(1)压嵌法

压嵌法是用淬硬压棒将研磨剂均匀压入研具工作表面。这种处理方式称为"压砂",经这样处理后的研具称为压砂研具。用压砂研具研磨的工件,表面纹路细密,可获得准确的尺寸、精确的几何形状及很小的表面粗糙度。这种研磨方法效率较低,对工作场地的要求较高,因此只适宜于高精度工件的研磨。

(2)涂敷法

涂敷法就是将研磨剂均匀地涂敷在工件或研具上,然后进行研磨。磨料在研具和工件表面之间处于浮动的半运动状态,对工件表面起着滚挤、摩擦和研削的综合作用。采用涂敷研磨法进行研磨时,涂敷的研磨剂要薄而均匀,并要保证足够的润滑,且研磨一定时间后,要擦净重新涂敷磨料。这种研磨方法,切削力强,但磨料难以均匀地涂敷,故加工精度较低,只适于一般精度工件的研磨。

4. 研磨速度和压力

在研磨过程中,研磨的速度和压力对研磨的质量和效率影响很大。压力大,研削量就大,表面粗糙度就大,甚至会因磨料压碎而划伤研磨面。一般手工研磨时,研磨速度不能过快,过快会引起工件发热,降低研磨的质量。粗研时,研磨速度应控制在 40～60 次/min,压力在 100～200 kPa 的范围;精研时,研磨速度为 20～40 次/min,压力在 10～50 kPa 范围内。对精度要求高或易于变形的工件,研磨速度一般不超过 30 次/min。

5. 研磨场地的要求

研磨场地的工作环境对研磨质量有很大的影响,尤其是在高精度的研磨中表现更为突出。为保证研磨质量,对研磨场地有如下要求:

(1)温度要求　研磨场地温度的高低对工件的尺寸精度有直接影响,所以场地应维持 20 ℃左右的恒温。如果条件有限,对精度要求不很高的工件,也可在常温下进行研磨。

(2)湿度要求　若空气湿度大,将造成工件表面的锈蚀,所以要求研磨场地要干燥。同时,研磨场地禁止有酸类物质溢出。

(3)尘埃要求　尘埃对研磨精度有很大影响,所以应保持研磨场地的洁净,要根据研磨质量的要求,设置必要的空气过滤装置。

(4)振动要求　震动对高精度的研磨加工和测量都有影响。因此,无论是场地或研磨设备本身都不应有震动,否则会影响研磨的质量。精密研磨场地应选择在坚实的防震基础上。

研磨操作者必须注意自身的清洁卫生,不能将尘埃带入场地。精研时,手上的汗会造成工件的锈蚀,因此,操作时应采取必要的措施。

第二节　研磨技能实训

一、平面研磨

1. 一般平面研磨

一般平面的研磨是在平整的研磨平板上进行的。研磨前,先把研磨平板的工作表面清洗干净并擦干,再在研磨平板上涂上适当的研磨剂,然后把工件需研磨的表面合在研板上,沿研磨平板的全部表面进行研磨。粗研时,如图 9-7(a)所示,应该在有槽的平板上进行,因为在有槽的平板上有足够的研磨剂并保持均匀,且容易使工件压平。粗研时应该采用螺旋形运动方式进行研磨,并不断变换方向,这样不仅快,而且不会使表面磨成凸弧面。精研时,如图 9-7(b)所示,应在光滑的平板上进行,以"8"字形与直线运动相结合的方式进行研磨,也要不断地变更工件的运动方向,工件就能较快地达到所需要的精度要求。

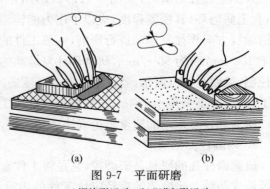

(a) (b)

图 9-7 平面研磨

(a)螺旋形运动;(b)"8"字形运动

为了使工件均匀受压,常在研磨一段时间后,将工件调头或偏转一个位置,以避免工件平面因受力不均匀而造成倾斜,如发现平面已经倾斜,则在工件厚的部位加大一些压力研磨,以纠正倾斜现象。另外,研磨中应防止工件发热,若稍有发热,应立即暂停研磨,避免工件因发热而产生变形。

2. 窄平面的研磨

研磨狭窄平面时,为防止研磨平面产生倾斜和圆角,如图 9-8(a)所示,研磨时应用金属块做成"导靠",采用直线研磨轨迹。

若研磨工件的数量较多时,如图 9-8(b)所示,可用 C 形夹将几个工件夹在一起同时研磨。对一些易变形的工件,可用两块导靠将其夹在中间,然后用 C 形夹头固定在一起进行研磨,这样既可保证研磨的质量,又提高了研磨效率。

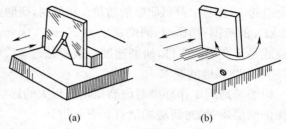

(a)　　　　　　　　(b)

图 9-8　窄平面的研磨
(a)适用导靠;(b)使用 C 形夹研磨

二、圆柱面的研磨

圆柱面的研磨一般都以手工与机器的配合运动进行研磨,有外圆柱面的研磨和圆柱孔的研磨。

1. 外圆柱面的研磨

外圆柱面的研磨方法是将研磨的圆柱形工件牢固地装夹在车床或钻床上,用研磨环进行研磨。如图 9-9 所示,研磨环的内径尺寸比工件的直径略大 $0.025 \sim 0.05$ mm,其长度是直径的 $1 \sim 2$ 倍。

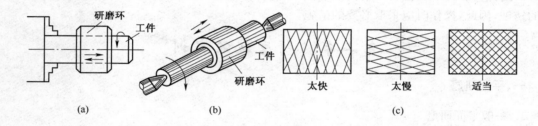

(a)　　　　　　(b)　　　　　　　　(c)

图 9-9　研磨外圆柱面
(a)车床做圆周运动;(b)研磨环轴线往复运动;(c)网纹线

外圆柱面在研磨时,如图 9-9(a)、(b)所示,工件可由车床带动,在工件上均匀涂上研磨剂,套上研磨环(其松紧程度,应以手用力能转动为宜)。通过工件的旋转运动和研磨环在工件上沿轴线方向作往复运动进行研磨,一般工件的转速在直径小于 80 mm 时为 100 r/min,直径大于 100 mm 时为 50 r/min,研磨环往复运动的速度,是根据工件在研磨环上研磨出来的网纹来控制,如图 9-9(c)所示,当往复运动的速度适当时,工件上研磨出来的网纹成 45°交叉线。太快了,网纹与工夹角小于 45°,过慢则网纹线与工件轴线的夹角大于 45°。

研磨环往复运动的速度不论太快还是太慢,都会影响工件的精度和耐磨性。

2. 内圆柱面的研磨

研磨圆柱孔的研具是研磨棒,它是将工件套在研磨棒上进行研磨的。研磨棒分为固定式和可调式两种。研磨棒的直径应比工件的内径略小 $0.01 \sim 0.025$ mm,工作部分的长度比工件长 $1.5 \sim 2$ 倍。

圆柱孔的研磨同圆柱面的研磨方法类似,不同的是将研磨棒装夹在机床主轴上。对直径较大、长度较长的研磨棒同样应用尾座顶尖顶住。将研磨剂均匀涂布在研磨棒上,然后套上工件,按一定的速度开动机床旋转,用手扶持工件在研磨棒上沿轴线作直线往复运动。研磨时,要经常擦干净挤到孔口的研磨剂,以免造成孔口的扩大,或采取将研磨棒两端都磨小尺寸的办法。研磨棒与工件相配合的间隙要适当。配合太紧,会拉毛工件表面,降低工件研磨质量;过松会将工件磨成椭圆形,达不到要求的几何形状。间隙大小以用手推动工件不费力为宜。

3. 圆锥面的研磨

工件圆锥表面的研磨,包括圆锥孔和外圆锥面的研磨。研磨时必须要用与工件锥度相同的研磨棒或研磨环,其结构有固定式和可调节式两种。

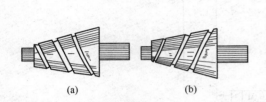

图 9-10 圆锥面研磨棒
(a)右旋;(b)左旋

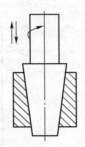

图 9-11 圆锥面研磨

固定式研磨棒开有如图 9-10(a)所示的右向的螺旋槽和如图 9-10(b)所示的左向的螺旋槽两种结构。可调节式的研磨棒和研磨环,其结构原理和圆柱面可调节式研磨棒或研磨环相同。

研磨时,一般在车床或钻床上进行,如图 9-11 所示,转动方向应和研磨棒的螺旋方向相适应。先在研磨棒或研磨环上均匀地涂上一层研磨剂,插入工件锥孔中或套进工件的外锥表面旋转 4~5 圈后,再将研具稍微拔出一些,然后推入研磨,研磨到接近要求时,取下研具,擦干研具和工件被磨表面的研磨剂,重复进行抛光研磨,一直到被加工表面呈银灰色或发光为止。有些工件是直接用彼此接触的表面进行研磨的,可不使用研具。

三、研磨常见问题的形式及产生的原因

研磨常见问题的形式及产生的原因见表 9-7。

表 9-7 研磨常见问题的形式及产生的原因

形　　式	产　生　原　因
表面粗糙	(1)磨料太粗; (2)研磨液不当; (3)研磨剂涂得薄而不匀
表面拉毛	忽视研磨时的清洁工作,研磨剂中混入杂质
平面成凸形或孔口扩大	(1)研磨剂涂得太厚; (2)孔口或工件边缘被挤出的研磨剂未及时擦去仍继续研磨; (3)研磨棒伸出孔口太长
孔成椭圆形或圆柱孔有锥度	(1)研磨时没有更换方向; (2)研磨时没有调头
薄形工件拱曲变形	(1)工件发热温度超过 50 ℃仍继续研磨; (2)夹持过紧引起变形

四、研磨技能训练——研磨平行面

1. 准备工作

研磨平行面图纸及技术要求如图 9-12 所示。

工具准备：研磨平板、研磨剂等。

量具准备：刀口尺、千分尺、千分表、量块等。

材料准备：两个大平面的平行度为 0.01 mm、表面粗糙度为 $R_a = 1.6\ \mu m$。

经刮削的 100 mm×100 mm×35 mm 铸铁平板（HT150）1 块。

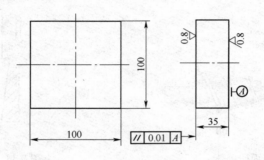

图 9-12　研磨平行面图

2. 操作步骤

(1)用千分尺检查工件的平行度，观察其表面质量，确定研磨方法。

(2)准备磨料。粗研用 100 号～280 号范围内的磨粉；精研用 W20～W40 的微粉。

(3)研磨基准面 A。分别用各种研磨运动轨迹进行研磨练习，直到达到表面粗糙度 $R_a <$ 0.8 μm 的要求。

(4)研磨另一大平面。先测量其对基准的平行度，确定研磨量，然后再进行研磨。保证 0.010 mm 的平面度要求和 $R_a < 0.8\ \mu m$ 的表面粗糙度要求。

(5)用量块全面检测研磨精度。

思 考 题

1. 什么叫研磨？研磨应用在哪些范围？

2. 对研具材料有什么要求？常用研具材料有哪几种？各有何特点？应用在哪些场合？

3. 研磨剂在研磨中的作用是什么？有哪些研磨剂？

4. 试述研磨时的物理和化学作用。

5. 研磨场地应具备哪些条件？

6. 磨料的粗细如何表示的？

7. 叙述一般平面研磨的操作过程。

8. 叙述圆锥面研磨的操作过程。

综合实训

【学习目标】

1. 利用所学钳工知识和技能进行综合练习，培养学员综合分析问题和解决问题的能力。

2. 经过综合实训，使学员的钳工技能进一步巩固和提高，在由单项的钳工操作转变为综合制作的过程中，使学员进一步体会到前后工序的关联和相互影响，掌握钳工制作的全过程。

3. 通过具体的项目制作，能增强学员的自信心，为今后进一步提高打下基础。

实训一 六角螺母制作

一、六角螺母的结构和技术要求

六角螺母的结构和技术要求见图 10-1。

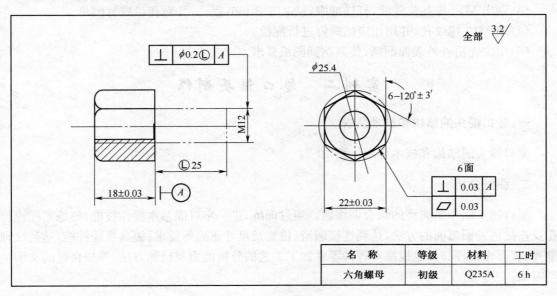

名　称	等级	材料	工时
六角螺母	初级	Q235A	6 h

图 10-1 六角螺母图

二、图纸分析

六角螺母加工要应用到划线、锯削、锉平、钻孔和攻螺纹等一系列操作技能，是钳工技能训练最基础的内容之一。

三、实习准备

1. 材料准备

$\phi(25.4\pm0.04)$mm 圆钢，材料为 Q235。

2. 工、刃具准备

钻床、长柄刷、$\phi6$ mm、$\phi8$ mm、$\phi10.3$ mm 钻头、倒角钻、M12 丝锥、铰杠等。

3. 量具准备

钢板尺、游标卡尺、刀口角尺、万能角尺、25～50 mm 千分尺、高度划线尺等。

四、工艺分析

(1)外六方加工参照第五章技能训练中的外六方锉削。

(2)钻螺纹底孔时，装夹要正确，保证孔中心线与外六方端面的垂直度。

(3)起攻螺纹时，用角度尺及时纠正两个方向的垂直度，这是保证螺纹质量的重要环节，否则，同心度将不能保证，会出现螺纹两侧牙型深浅不一，并且随着螺纹长度的增加，歪斜现象越加明显，如继续攻丝，丝锥将会折断。

(4)由于材料较厚，又是钢料，因此攻螺纹时，要加冷却润滑液，并经常倒转。

五、操作步骤

(1)检查来料尺寸是否符合图纸要求。

(2)外六方加工方法，依次加工外六面，达到形位、尺寸等要求。

(3)划出 M12 螺孔位置线，打样冲眼，钻 $\phi10.3$ mm 底孔，并对孔口进行倒角。

(4)攻 M12 螺纹孔，并用相应的螺钉进行配检。

(5)用细锉精锉外表面圆弧，使其达到图纸要求。

实训二　錾口锤头制作

一、錾口锤头的结构和技术要求

錾口锤头的结构和技术要求见图 10-2。

二、图纸分析

錾口锤头制作是典型的综合训练题。通过训练，进一步巩固基本操作技能，熟练掌握锉腰孔及连接内外圆弧面的方法，达到连接圆滑、位置及尺寸正确等要求；提高推锉技能，达到纹理整齐、表面光洁，同时，也提高对各种零件加工工艺的分析能力及检测方法，养成良好的文明生产习惯。

三、实习准备

1. 材料准备

(20 ± 0.05)mm$\times(20\pm0.05)$mm$\times115$ mm　　45 钢。

2. 工、刃具准备

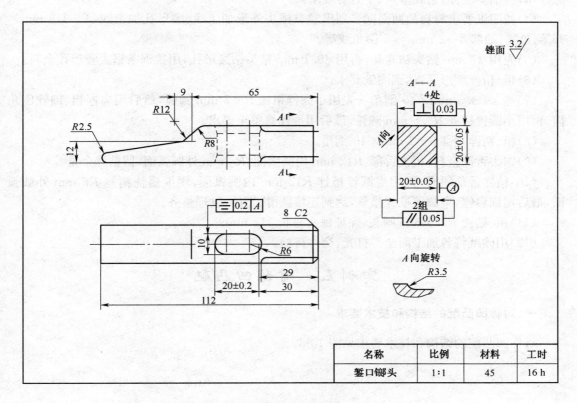

图 10-2　錾口锤头图

常用锉刀,半圆锉,圆锉,什锦组锉,弓锯,$\phi5$ mm、$\phi7$ mm、$\phi9.7$ mm 麻花钻,铜丝刷等。

3. 量具准备

钢板尺、刀口角尺、万能角度尺、游标卡尺、高度划线尺、外径千分尺、圆划规等。

四、工艺分析

(1)钻腰形孔时,为防止钻孔位置偏斜、孔径扩大,造成加工余量不足。钻孔时可先用 $\phi7$ mm 钻头钻底孔,做必要修整后,再用 $\phi9.7$ mm 钻头扩孔。

(2)锉腰形孔时,先锉两侧平面,保证对称度,再锉两端圆弧面。锉平面时要控制好锉刀横向移动,防止锉坏两端孔面。

(3)锉 4—3.5 mm×45°倒角、8—2 mm×45°倒角时,工件装夹位置要正确,防止工件被夹伤。锉 3.5 mm×45°倒角,扁锉横向移动要防止锉坏圆弧面,造成圆弧塌角。

(4)加工 $R12$ mm 与 $R8$ mm 内外圆弧面时,横向必须平直,且与侧面垂直,才能保证连接正确、外形美观。

(5)砂纸应放在锉刀上对加工面打光,防止造成棱边圆角,影响美观。

五、操作步骤

(1)检查来料尺寸是否符合图纸要求。

(2)按图纸要求,先加工外形尺寸 20 mm×20 mm,留精锉余量。

（3）锉削一端面,达到垂直、平直等要求。

（4）按图纸要求材料的两面同步划出錾口锤头外形加工线、腰形孔加工线、4—3.5 mm×45°倒角线、端部 8—2 mm×45°倒角线等。

（5）先用 φ7 mm 钻头钻底孔,再用 φ9.7 mm 钻头钻腰形孔,用狭锯条锯去腰形孔余料。

（6）粗、精锉腰形孔,达到图纸要求。

（7）锉 4—3.5 mm×45°倒角。先用小圆锉粗锉 R3.5 mm 圆弧,然后用扁锉粗、细锉倒角面,再用小圆锉精锉 R3.5 mm 圆弧,最后用推锉修整至要求。

（8）粗、精锉端部 8—2 mm×45°倒角。

（9）锯去舌部余料,粗锉舌部、R12 mm 内圆弧面、R8 mm 外圆弧面,留精锉余量。

（10）精锉舌部斜面,再用半圆锉精锉 R12 mm 内圆弧面、用细扁锉精锉 R8 mm 外圆弧面,最后用细扁锉、半圆锉推锉修整,达到连接圆滑、光洁、纹理整齐。

（11）粗、精锉 R2.5 mm 圆头,保证锤头总长 112 mm。

（12）用砂纸将各加工面全部打光,交件待检。

实训三　对称凹凸配

一、对称凹凸配的结构和技术要求

对称凹凸配的结构和技术要求见图 10-3。

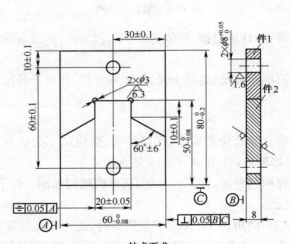

技术要求
1. 配合处为件 2 尺寸,锐边倒钝。
2. 配合(翻转 180°)间隙 0.06。
3. 外形(翻转 180°)错位 ≤0.06。

图 10-3　对称凹凸配图

二、图纸分析

凹件和凸件的配合间隙与外形错位均为 0.06 mm,加工精度较高。锉配时应先加工凸件,凸件的角度、尺寸应加工正确,再以凸件为基准锉配凹件。2×φ8H7 孔在加工中应注意保证孔的位置精度。

三、实习准备

1. 材料准备
坯料尺寸为 102 mm×61 mm×8 mm 材料为 Q235-A。
2. 工、刃具准备
钻床、长柄刷、常用锉刀、什锦组锉、弓锯、φ6 mm 钻头、φ8 mm 钻头等。
3. 量具准备
钢板尺、游标卡尺、刀口角尺、万能角尺、25～50 mm 千分尺、高度划线尺等。

四、工艺分析

(1)凸件 20±0.05 处有对称度要求,加工时,只能先加工一面,待一面加工至尺寸要求后,才能加工另一面。

(2)为达到配合后转位 180°的互换精度,凸、凹件的所有加工平面对大平面的垂直度都要控制在最小范围内。

(3)2×φ8H7 孔的位置精度要求较高,划线位置要准确,钻孔时可先用 φ6 mm 钻头钻底孔,再用 φ8 mm 钻头扩孔。

五、操作步骤

(1)检查来料尺寸是否符合图纸要求。

(2)粗、精锉板料四侧面,保证两个长侧面间的尺寸 $60_{-0.08}^{0}$ 及两个短侧面与长侧面垂直,在板料两端按图划出凹件和凸件图样,用钻排孔和锯割方法,使凹件和凸件分成两块。

(3)粗、精锉凸件顶面尺寸 $50_{-0.08}^{0}$,锯、粗、精锉凸件左侧,尺寸控制在 40±0.025(注意:此时右端斜角废料不去掉,便于测量左侧面尺寸),保证角度和深度要求,同理加工右侧面,保证尺寸 20±0.05、60°角和深度尺寸。

(4)在凹件上钻 2×φ3 孔,用钻排孔、锯削去除多余料,粗锉各面留 0.1～0.2 mm 的锉配余量。精锉凹件内各面至配合要求。全部锐边倒钝并检查尺寸精度。

(5)在凹凸组合件上划 2×φ8 的尺寸线,先用 φ6 mm 钻头钻底孔,再用 φ8 mm 钻头扩孔使两个孔达到图纸要求。

(6)用量具仔细测量各部分尺寸,精修符合图纸要求后,交件待检。

实训四　三件套锉配

一、对称凹凸配的结构和技术要求

对称凹凸配的结构和技术要求见图 10-4。

二、图纸分析

通过划线、锯削、锉削、钻、铰等加工,加工成如图 10-4 所示的三件套,达到图纸要求。本训练题精度要求高,件 1、件 2 锉配后的质量,影响到与件 3 的配作,配作难度大。

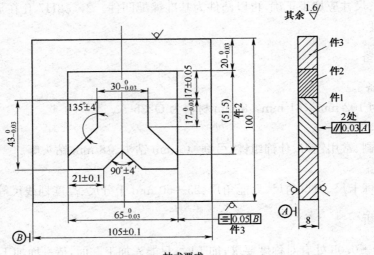

技术要求
1. 件2按件1配作,件3按件2、件1配作。
2. 配合互换间隙≤0.04 mm。
3. 外角尖角处倒圆R0.2 mm。

图 10-4　三件套锉配

三、实习准备

1. 材料准备

材料为 Q235-A。

件 1 坯料尺寸为 66 mm×44 mm×8 mm;

件 2 坯料尺寸为 66 mm×53 mm×8 mm;

件 3 坯料尺寸为 106 mm×100 mm×8 mm。

2. 工、刃具准备

钻床、长柄刷、常用锉刀、什锦组锉、弓锯、$\phi6$ mm 钻头等。

3. 量具准备

钢板尺、游标卡尺、刀口角尺、万能角尺、25～50 mm 千分尺、高度划线尺等。

四、工艺分析

(1)件 1 各面平面度、对称度要好,且各面与大平面垂直。

(2)件 1 尽量加工好一侧后再加工另一侧,与件 2 相配后正反错位<0.02 mm。

(3)各件加工后的平面度、垂直度要好,这样才能保证配合后的平行度要求。

五、操作步骤

(1)检查来料尺寸是否符合图纸要求。

(2)加工件 1 外形为长 $65_{-0.03}^{0}$、宽 $43_{-0.03}^{0}$ 的长方形,四面垂直、平直。按图划出外形尺寸线,锯、锉成形,保证对称等要求。

(3)加工件 2 外形至要求。按图划线,钻排孔,去除废料,粗锉后留 0.2 mm 锉配余量。根据凸件实际尺寸,精锉尺寸 $30_{-0.03}^{0}$,使凸件能较紧塞入,保证两侧对称。锉配角度面,修锉清角,保证尺寸 17±0.05 符合要求,配合互换间隙不大于 0.04 mm。

(4)加工件 3 外形至要求。按图划线,钻排孔,去除废料。粗锉各面后留 0.2 mm 锉配余量。精锉中间 60 mm×65 mm 长方形孔,保证尺寸 $20_{-0.03}^{0}$,件 2 与件 1 合在一起侧向能较紧塞入,锉配 90°面,保证与件 1 的配合要求。整体修配,修锉各面间夹角,保证配合互换间隙小于 0.04 mm。

(5)复测工件,锐边倒钝,精修符合图纸要求后,交件待检。

参 考 文 献

[1]王兴民,等.钳工工艺学.北京:中国劳动出版社,1996.

[2]谢增明.钳工技能训练.北京:中国劳动社会保障出版社,2005.

[3]邱国明.钳工工艺.北京:化学工业出版社,1999.

[4]童永华,冯忠伟.钳工技能实训.北京:北京理工大学出版社,2006.

[5]门佃明.钳工操作技术.北京:化学工业出版社,2006.

[6]柴增田.钳工实训.北京:机械工业出版社,2006.

[7]黄云清.公差配合与测量技术.北京:机械工业出版社,1995.

[8]张玉中,孙刚,曹明.钳工实训.北京:清华大学出版社,2006.

[9]叶春香.钳工常识.北京:机械工业出版社,2006.

[10]李桦,曹洪利.钳工操作禁忌实例.北京:中国劳动社会保障出版社,2003.